ADA

建筑·设计·艺术丛书 Architecture Design Art Series

朱塞普·特拉尼与理性主义建筑

李宁 著

中国建筑工业出版社

图书在版编目 （CIP）数据

朱塞普·特拉尼与理性主义建筑 / 李宁　著．—北京：
中国建筑工业出版社，2016.4
（建筑·设计·艺术丛书）
ISBN 978-7-112-18697-6

Ⅰ．①朱…　Ⅱ．①李…　Ⅲ．①建筑设计—研究—意大
利—现代　Ⅳ．①TU2

中国版本图书馆CIP数据核字（2015）第278330号

责任编辑：徐　冉　黄　翙
责任校对：陈晶晶　张　颖

建筑·设计·艺术丛书
朱塞普·特拉尼与理性主义建筑
李宁　著
　＊
中国建筑工业出版社 出版、发行（北京海淀三里河路9号）
各地新华书店、建筑书店经销
北京中科印刷有限公司印刷
　＊
开本：880 x 1230 毫米 1/32　印张：5 $\frac{7}{8}$　插页：1　字数：197千字
2017年3月第一版　2017年3月第一次印刷
定价：29.00 元
ISBN 978-7-112-18697-6
　　　（28003）

丛书序

　　也不知道是从什么时候开始，设计、艺术、建筑之间，变成了彼此独立的三个分支。似乎在建筑和艺术之间很难产生关联的同时，设计和艺术之间又似乎有所区分。往往我们在讨论这样问题的时候，会说：哦，这个设计是艺术性的设计，这个建筑是艺术性的建筑。那么，如果试问，非艺术性的建筑又是怎样？非艺术性的设计又是如何？艺术和设计、艺术和建筑之间，难道，一定存在这样大的差别吗？细想一下，之所以会将建筑、设计和艺术之间如此地割裂看待，恰恰源于我们的教育本身，即所谓建筑、设计、艺术学科之间的划分以及各学科内部所进行的再次细分已经很难将建筑、设计和艺术进行统合地去理解。在我看来，所有的建筑、设计、艺术均为人类创造的不同的表现形式，是人的思考及思想所呈现出的不同状态。换言之，如果将人作为一切人造物的终极归宿点，并将建筑、设计、艺术视为人的意识活动的产物，那么它们彼此之间存在着必然的联系。

　　正是在这样一个思考的前提下，我们将建筑、设计和艺术重新摆放到同一个平台上来进行整体的思考，力图搭建一个整体和综合性的平台。而这也正是我们创设这套"建筑、设计、艺术丛书"（Architecture Design Art Series，以下简称"ADA丛书"）的目的。ADA丛书是建筑、设计、艺术的理论丛书，丛书名是由建筑、设计、艺术的英文Architecture、Design、Art的第一个大写字母所组成。这套丛书大多由年轻一代的研究者所撰写。希望未来的青年学者和设计师不再让学科间有如此清晰的割裂，并能用一种综合的视角去思考和看待我们所面临的问题。同时，如果ADA丛书为青年学者开辟了一块理论园地，并由此为未来一代打破学科之间壁垒提供一种示范效应，那么这套丛书也就起到了应有的作用。

2016年8月1日 于ADA研究中心

前言

　　2004年4月，西方建筑界举行了一次纪念意大利理性主义建筑师朱塞普·特拉尼100周年诞辰的活动。而在中国，建筑学界对于这个名字提及甚少。近几年，国内才有一些相关的零散研究。特拉尼的法西斯主义背景似乎是他长期缺席我国西方建筑史的重要原因之一。但是，特拉尼这位才华横溢的建筑师所代表的理性主义不仅在当时是现代主义的一个重要分支，而且为二战后意大利理性主义建筑的发展奠定了重要的基础。因此，本书试图从建筑学的角度出发，对特拉尼进行一定程度的解读与分析。

　　本书是对特拉尼活跃时期（1926-1940年）建筑设计及实践的研究。通过对这个时期的政治与艺术背景进行相对客观的认识，从而确定本研究的视角。在这个基础上，将特拉尼置于一个合适的历史位置，展开对其作品的研究。本文分为四个主要部分：

　　1. 对20世纪初期欧洲及意大利的背景和与特拉尼相关的先锋派思想的阐述（详见第二章）。

　　这部分的研究分析了特拉尼的思想源泉与发展：一方面源自于法西斯政治对于国家建筑的需求；另一方面揭示出特拉尼所代表的"理性主义"作为先锋运动的探索。这是影响特拉尼设计工作的两个主要方面，以此梳理出特拉尼立足本国民族主义的建筑表达与在欧洲先锋派运动中的建筑表达两条线索，指出特拉尼的建筑思想所体现出的两面性。

　　2. 将特拉尼的部分设计归纳到上述两条线索中分别叙述（详见第三章、第四章）。

　　这部分通过对于特拉尼的建成与未建成的作品的分析，着重分析了上述两条线索相对独立的发展或转化关系：一方面特拉尼在本国民族主义的建筑表达中体现出的纪念性以及象征性；另一方面是特拉尼在欧洲先锋派运动的建筑表达中所体现出的对现代性的探索与转化。在两条线索的阐述中，通过读图比较的方法，对特拉尼的设计进行分析，试图找出这两条线索之间潜在的关联——对于传统和现代结合的思考。

3. 通过图解的方式，对特拉尼设计作品中相关的要素进行分析（详见第五章）。

通过前文的解读，对特拉尼的建筑中体现出的对几何形与比例、线形空间以及路径几个共性问题进行详细地分析。通过这部分研究，可以得出三者之间的递进关系：传统的形体控制法则→现代的空间组织方式→对空间的阅读方式。特拉尼的设计步骤实际上体现出一个从建筑生成到阅读的完整过程。

这部分既是在前文双线式解读的基础上的共性分析，又是对前文有效的补充。

4. 通过图表的方式对于前文叙述的文本进行图像式的总结与表达（详见拉页）。

这是一张编年体式的特拉尼的建筑设计的相关性图表，对特拉尼的两条发展线索的叙述进行整合，以图像的方式直观地呈现两者的差异与相关性。

经过这四个部分的阐述与分析，形成了对建筑师特拉尼在特定时间段的部分设计工作的解读。笔者希望通过一定程度的研究，使人们对建筑师特拉尼及其工作有一个较为清晰的初步认识。

目录

第一章

从图像开始

图 1-1 2004 年 4 月 18 日在科莫开展的特拉尼诞辰 100 周年纪念活动

这张充满纪念性的照片（图 1-1）是 2004 年 4 月 18 日在科莫纪念朱塞普·特拉尼（Giuseppe Terragni，1904-1943）诞辰 100 周年活动的电子投影，出现在画面中央接受人们缅怀的就是特拉尼。数字时代的技术轻易地将特拉尼与他最伟大的建筑——科莫法西斯党部大楼（Casa del Fascio，Como）[1] 拼贴在一起，蒙太奇手法的运用对特拉尼的缺席作了最好的纪念，再现了他的思想和物质的结合。

斯蒂文·霍尔（Steven Holl）在《Domus》期刊上撰文说：

> 在政治驱使下的建筑是一件棘手的事情，通常是对那些已经尘封的历史草率的模仿和倒退。可是，一些作品超越了它们所经历短暂的政治生命，就像一个虫蛹蜕变成一只蝴蝶而完全成为另一个事物。[2]

这不仅是对科莫法西斯党部大楼的评述，也是对特拉尼的写照。在经历了

---

[1] 该建筑在二战后改名为 "人民大楼"（Casa del Popolar）。但在建筑史范畴内一直沿用原名，因此为方便读者参考，在本文中均采用原名，并无任何政治含义及倾向。

[2] 出自 [美] Steven Holl. Domus 867: Terragni's Game, 68 years later. Domus, 2004：16. 作者自译。

两次世界大战以及法西斯统治那段历史之后，68 年过去了，特拉尼慢慢地褪掉沉重的法西斯枷锁，从历史的尘埃中出现在我们面前。

朱塞普·特拉尼是在两次世界大战期间活跃在意大利的著名建筑师，是理性主义建筑的代表人物。年轻的他受控于当时的主流意识形态，因此在相当长的一段时间内，未能出现在广大人民的视野里。

特拉尼是同时代拥护法西斯立场的艺术家、作家、摄影师等的其中一员，他们的成就与政治有着不可分离的关系。即使历史可以将一切沉淀，但是在他们的作品中所蕴含的力量不会随着时间而改变。特别是马里内蒂（Filippo Tommaso Marinetti，1876-1944）、里芬斯塔尔（Leni Riefenstahl）和庞德（Ezra Pound）等人，他们的作品和理论一度受到封禁，但都对 20 世纪 60 年代以来的文化、艺术产生了深远的影响。建筑因为其特殊的在场性与其他艺术作品不同，字面上的消失并不能真正地将它们尘封。

理性主义建筑对于意大利来说有着重要的意义。它是意大利在 19 世纪末统一战争之后，真正开始的现代主义运动。法西斯政权建立之后，现代建筑运动开始在意大利逐步发展。这段时期是一个思想解放、革命发展的时期。从某种意义上说，这既是 20 世纪初欧洲先锋运动影响的结果，也是激进的政治要求。因此，研究现代主义建筑，特别是意大利现代主义建筑，就无法在剥离当时政治背景的情况下进行研究。特别是以特拉尼为代表的理性主义建筑，日渐成为战后意大利现代建筑的重要流派，是一个承前启后的重要阶段。

现代主义运动，实际上就是一个从传统到现代的逐步过渡的过程，最终，从古典主义、折中主义和新古典主义走向了现代主义。而在这段时期所产生的关于传统和现代的讨论与尝试、继承与割裂，对建筑发展起到了至关重要的作用。

2004 年是特拉尼诞辰 100 周年，在西方的建筑界进行了一系列的纪念活动；2005 年是世界反法西斯战争胜利 60 周年，在全世界范围内进行了大规模的庆祝活动。在这样的国际背景下，研究特拉尼建筑思想的话题就变得非常有意义。[1] 就像霍尔所说的：

不朽的建筑艺术常常有被隐藏的趋向；如果它显现得太早，它的空

---

[1] 该书从 2005 年开始准备，到 2006 年写作完成，2015 年进行了部分修改并成书。

间将会随着时间消逝。如果它幸免于政治灾难，又经得起建筑学的潮流变迁，它那被隐藏的维度将被强化，并且可以被重新发现，就像一个人从一个古老的诗篇中重新发现"新的"情感。[1]

　　特拉尼短暂的一生，浓缩了人类历史上最为重要的时期之一。这段时期，既是一个相对完整的片段，又是一段不可抹杀的记忆。特拉尼的作品既体现了当时先锋派建筑思想的影响，又以遵循传统作为设计的出发点，这种传统与现代结合的思想是理性主义建筑的根本要求。

---

[1] 出自 [美] Steven Holl. Domus 867: Terragni's Game, 68 years later. Domus, 2004 : 16. 作者自译。

第二章

相关历史背景与特拉尼的发展方向

　　1904 年 4 月 18 日，朱塞普·特拉尼出生在位于米兰（Milan）和科莫（Como）之间的小镇曼达（Meda）。1943 年 7 月 19 日，特拉尼在科莫逝世的时候，年仅 39 岁。他短暂的一生经历了两次世界大战，同时，他的建筑生涯也见证了墨索里尼的法西斯政权在意大利的兴盛与衰亡。

第一节　20 世纪初的意大利与墨索里尼时期关于民族主义建筑的探索

　　在 19 世纪的大部分时间里，意大利处于国内民族的独立战争中。虽然在历史上意大利曾经有过 15 世纪文艺复兴这样划时代的贡献，使其直到 18 世纪都依然是欧洲的艺术中心。然而，在 19 世纪，意大利并没有什么突出的贡献，这个时候，欧洲的文化艺术中心已经转向了英国和德国。

　　19 世纪末，意大利完成了统一，国内的局势趋于稳定。一直到 20 世纪初期，举国上下都依然处在民族统一之后的昂扬振奋的情绪中。在城市建设、纪念性建筑、歌剧音乐以及科学技术等方面稳步发展。身为统治者的资产阶级，保守妥协的做法一度影响了意大利的发展。因此，新生的意大利不免面临着对发展前景的选择和徘徊。

　　由于意大利资产阶级软弱无力，意大利的复兴运动显得保守、不成熟，与其他欧洲国家的资产阶级革命相比缺乏相应的激情。这时候，就亟须一股新生的政治力量来改变意大利萧条的现状。在第一次世界大战之后，法西斯作为新的政治势力逐渐登上了历史舞台。而作为先锋派代表的未来主义（Futurism），积极地向政权靠拢，间接地推动了法西斯运动与艺术相结合的狂热气氛。这种"艺术为政治服务"的观点，早在古罗马时期就已形成："对罗马人来说，艺术和政治是紧密联系在一起的。被看作是为公众服务的纪念物和满足公众需要的建筑。"[1] 因此，在 20 世纪 20 年代，艺术再一次充当为国家政治服务的角色。

正是未来主义的出现，意大利才重新担当起欧洲艺术先锋的角色。未来主义最关键的人物是菲利普·托马斯·马里内蒂[2]，他在 1909 年 2 月 20 日发表了"未来派宣言"（Futurist Manifesto），宣言充满了革命性和煽动性，特别是在当时意大利那个群情激昂的时期。这份纲领似的宣言不仅对技术、速度、民族主义、军国主义、战争等大加赞颂，同时还对历史和传统采取了全面否定的态度。这种先锋的革命性姿态，对当时正处于迷途中的意大利无疑是一种方向上的指引。事实证明，未来主义的影响并不局限于意大利国内，对于当时西欧的一些国家，诸如法国和德国也都产生了广泛的影响。20 世纪 60 年代的先锋派运动，都或多或少地从未来主义中受到了直接的影响。

马里内蒂所倡导的未来主义虽然只是一个抽象的口号式宣言，但它几乎触及了生活与艺术的各个领域，并且很快得到追随。在建筑方面，安东尼奥·圣伊利亚（Antonio Sant'Elia，1888-1916）无疑是最重要的代表人物。

圣伊利亚所关注的不是风格和形式的问题而是建筑的理性。他所提倡的是现代与传统之间的分离。他反对"时尚建筑"（architettura di moda），包括所有国家的和所有风格的时尚——礼仪的、古典主义的、神圣的、戏剧性的、装饰性的、纪念性的、迷人的、令人愉悦的……诸如此类；他也反对对那些有历史价值的纪念性建筑物、那些垂直与水平的线条，以及立方体和三角锥形等所进行的保护、重建和复制，因为这些东西是静态的、压抑的，因而是"完全处于我们的现代意识之外的"。相反，他追求冰冷的、经过计算而大胆简化了的建筑，使用钢筋混凝土、铸铁、玻璃、纸板、合成织物和所有塑性材料，具有最大限度的轻巧和弹性。[3]

[1] 出自 [美] 南希·H·雷梅治，安德鲁·雷梅治著. 罗马艺术——从罗慕路斯到君士坦丁. 郭长刚，王蕾译. 桂林：广西师范大学出版社，2005: 11.

[2] 菲利普·托马斯·马里内蒂（1876-1944）是欧洲和意大利未来主义文学运动的领导者和主要代表人物，政治上属于右翼。第一次世界大战期间，马里内蒂是帝国主义战争的鼓吹者和参加者。1914 年发表《未来主义与法西斯主义》，宣传未来主义与法西斯主义的亲缘关系。从 1919 年起，他积极参与法西斯党的活动，成为墨索里尼的帮凶。墨索里尼建立独裁政权后，马里内蒂被任命为科学院院士、意大利作家协会主席。1942 年随意大利侵略军到苏联。1944 年病死。

[3] 出自 [德] 汉诺－沃尔特·克鲁夫特著. 建筑理论史——从维特鲁维到现在. 王贵祥译. 北京：中国建筑工业出版社，2005：303.

他说：

> 我们已经丧失了纪念碑式的宏伟感、沉重感、静止感，而且我们丰富了我们对轻巧、实用、短暂和速度的趣味爱好的感知。我们感到我们不再是那些属于大教堂、宫殿和会场的人了，而是属于大旅馆、火车站、宽阔的街道、巨大的港口、室内市场、灯火辉煌的隧道、笔直的大马路，是有益健康拆毁市内房屋的活动的人。[1]

这种否定历史的态度是与未来主义相符合的。

圣伊利亚同时表达了自己对于机器的赞美。他认为过去是从自然中汲取灵感，而目前源自于工艺品的材料和理性的价值，就必须从机器世界中去寻找灵感。他的一些方案草图都体现了这一思想，也体现了他对于电梯、汽车、铁路、飞机以及发电站和高层建筑的偏好。从他的设计中，很难分辨出是教堂还是住宅，是办公楼还是工厂。

王群在"何为先锋派——先锋派简史"一文中把1914年对于先锋派进行了分水岭式的界定：

> 1914年是西方文明的一个分水岭，第一次世界大战在这一年爆发。1914年也是先锋派的一个分水岭，以往有着纷乱的艺术外貌（似乎每个创新艺术家都有先锋派的成分）和同样纷乱的社会关联（与工人阶级、民族主义者、中产阶级、流氓无产者之间的脆弱、不稳定、间接的关系）的先锋派在战争发生后归属为表现形式强烈、命名清晰的不同艺术流派（历史先锋派[2]的诸流派）。两个分水岭的完全重合意味深长。1914年以后，先锋派文化与政治的关系重新全面展开……[3]

1914年前后马里内蒂发表的几篇政治宣言成为了历史先锋派们的第一个声音，而同时圣伊利亚也接连发表了几幅未来建筑的草图。这些草图体现了圣伊利亚偏好巨型的、机器的乌托邦式的想象。他还认为应当把它理解成是人与环境实现和谐的艺术，换句话说就是"把物质世界表现为精

---

[1]　出自 [意] 维尔多内著 . 理性的疯狂 . 黄文捷译 . 成都：四川人民出版社，2000：77.

[2]　在王群的文中，历史先锋派是相对于20世纪60年代的新先锋派而言的。

[3]　出自胡恒，王群 . 何为先锋派——先锋派简史 . 时代建筑，2003（5）.

神世界的直接投影的艺术"。[1] 虽然圣伊利亚并没有提出过一个完整的城市方案，但是他有着自己对于城市的理解：

> 这座未来主义的城市应当类似一个巨大的机器……从它那机械般的简单、高大、宽阔来看，它是非同一般地丑……这样的住房应当建立在一个乱哄哄的万丈深渊的边缘、这个万丈深渊就是街道……[2]

从中我们可以看出他反对装饰，并且通过"丑"的叙述来表现他对于传统美学认识的否定，从而表达他自身对于新的审美观的倾向。在他的零星草图里描绘的城市图景所产生的影响，在后来勒·柯布西耶（Le Corbusier）1925年发表的《都市规划》和路德维希·希尔贝塞默（Ludwig Hilberseimer）1927年发表的《大城市建筑》等文章中相继出现。同时，圣伊利亚把城市看作一座工地，他认为暂时性和过渡性将是未来主义建筑的特点，城市将以永久性的工地的方式表现。这种对于永恒的运动的赞美之情实际上也是来源于未来主义的速度美学。

1916年，圣伊利亚英年早逝。因此，留给后人更多的是他的理论而不是实践。这种理论在当时看来是一种乌托邦式的倾向。马里内蒂把他形容为未来派——法西斯主义的建筑学的先锋。而正是这种形而上的口号式的空洞理论，成为后来"七人小组"[3]（Gruppo 7）的理性主义宣言的落脚点和批判的对象。

就像王群在文中所引用的，"作为一个先锋运动，未来主义拥有完整的思想体系，涉及人的生活的各个方面，从文学到形象、艺术及音乐，从习惯风俗到道德和政治。这一团体是在它的成员拥有共同的感情倾向的基础上建立起来的"。[4] 这与1914年前的先锋派迥然不同。这种自上而下的完备的体系以及基于共同理想的诉求的方式，都是当时法西斯政治所宣扬的。可以看到，此时的未来主义所表明的是先锋派意与政治建立联系的迫切要求。但自始至终，未来主义都是被主流政治势力所排斥的。即使在意

---

[1] 出自 [意] 维尔多内著. 理性的疯狂. 黄文捷译. 成都：四川人民出版社，2000：79.

[2] 出自 [意] 维尔多内著. 理性的疯狂. 黄文捷译. 成都：四川人民出版社，2000：81.

[3] "七人小组"其成员有建筑师路易吉·费吉尼、圭多·弗列特、巴斯蒂亚诺·拉尔科、吉诺·波里尼、卡洛·恩利克·拉瓦、朱塞普·特拉尼和乌巴尔多·加斯塔诺里。他们从米兰综合技术学校毕业之后，在《意大利评论》中首次亮相。这几位理性主义建筑师都想把意大利古典建筑的民族传统价值与机器时代的结构逻辑进行新的更具理性的综合。

[4] 出自胡恒，王群. 何为先锋派—先锋派简史. 时代建筑，2003（5）.

大利，各种不同的运动在民族主义和法西斯主义的名义下稳步前进，但是未来主义除了和法西斯政治保持了一种形式上的联系，并不能通过他们激进的方式来过多地干预政治。

在这样一个新旧交替的革命时期，年轻的特拉尼正在学校中接受传统的教育。他于 1917 年进入科莫技术学校（Istituto Tecnico in Como）读书，1921 年毕业于物理和数学专业，之后他进入米兰高等建筑技术大学（Scuola Superiore di Architettura of the Politecnico of Milan）接受建筑学的深造。[1] 当时米兰高等建筑技术大学的研究课程远不如巴黎美术学院，但是更多地接近官方的要求。米兰的体系缺乏抽象的教学。和特拉尼同时代的弗兰克·阿尔贝尼（Franco Albini）回忆说，那时的课程组合是荒谬的，在第三学年要求做中世纪风格的设计，第四学年是一个文艺复兴的设计，而第五和最后的学年要求一个纯粹的古典主义风格。而在今天看来，这并不是米兰教育体系的问题，在 20 世纪初期意大利建筑与艺术界的立场都是极端保守的，直到 20 年代还维持着向后的观望。因此，这种向后看的古典主义情节在特拉尼的前期设计中清晰地反映出来，可以认为是他设计的出发点。

对于特拉尼和当时的意大利年轻建筑师来说，他们求学的时期是未来主义和"九百派"（Il Novecento）[2] 在意大利活跃的时期，他们都受到这些先锋派思想的冲击。按照舒马赫[3] 的说法，"七人小组"的理性主义是第一次世界大战之后意大利第二次重要的先锋派运动。[4] 他的评论源自于年代学的方法，强调了"九百派"要先于理性主义而成为第一次世界大战之后意大利的第一支先锋派运动。同时，这也是对"九百派"影响力的肯定。这种肯定，是建立在未来主义这个先锋派基础上的对于传统的乌托邦式冲击，是一幅虚空的、疯狂的模糊图景。对当时的意大利先锋们而言，是对于一种清晰和明智的渴望。"九百派"的建筑师们是以古罗马和 19 世纪早期的意大利新古典主义为特征的。正如来自米兰的"九百派"代表人物

[1] 在米兰求学的时期，特拉尼与佩特罗·林格里（Pietro Lingeri，1894–1968）相识并成为朋友，后者也成了他的重要合作伙伴。

[2] "九百派"（Il Novecento）：又称"20 世纪绘画运动"，是 20 世纪 20 年代在意大利继未来主义之后涌现出的第二支先锋派，主要活动在米兰。成立于 1923 年的"九百派"，他们是以意大利特色为标志，试图将民族传统与现代性融合在一起的美术团体。

[3] 托马斯·舒马赫（Thomas L. Schumacher）历史学家、建筑评论家。对特拉尼有深入的研究和丰富的著作。

[4] 出自 [美] Thomas L. Schumacher. Surface & Symbol: Giuseppe Terragni and the Architecture of Italian Rationalism. New York: Princeton Architectural Press, 1991：22. 作者自译。

吉奥瓦尼·穆齐奥（Giovanni Muzio）所言：

> 看来过去最完美和最具原创性的例证，毫无疑问是那些古代希腊与
> 罗马建筑的衍生物，特别是从19世纪初开始，在米兰出现的那些建筑。
> 对于都市主义和建筑学，人们正在呼唤它向古典主义的回归，这类似于文
> 学和雕塑艺术中所发生的进程。[1]

他认为必须重新建立建筑的秩序法则，这是一种不同寻常的社会艺
术。对于一个国家而言，首先要结合传统，希望能够再一次开始一个古典
传统艺术、文化的繁荣时期。马格利塔·萨法蒂（Margherita Sarfatti）[2] 描
述"九百派"整体为采用了冷静的形式，排除反常，试图建立一种协调传
统和现代的法则。而特拉尼早期的作品，受到了"九百派"的直接影响。

第二节　特拉尼及"七人小组"的理性主义建筑及其发展

在20世纪20年代到30年代之间，除了国内的未来主义，整个意大
利，特别是北方，受到了来自西欧各国的现代主义的冲击。虽然这时的意
大利已经落后于法国、德国、前苏联、奥地利等国家十几年，但是这并不
能影响意大利激进分子对它的追捧与传播。意大利的青年建筑师们对于"国
际式"产生了不同的反响。"七人小组"正是在受到这种冲击后，产生了
对于传统的另一思考，从而要求建立一个新的建筑学概念，这就是理性主
义运动。

理性主义运动是由"七人小组"开创的，他们分别是毕业于米兰高等
建筑技术大学的乌巴尔多·加斯塔诺里（Ubaldo Castagnoli）、路易吉·费
吉尼（Luigi Figini）、圭多·弗利特（Guido Frette）、塞巴斯蒂亚诺·拉尔
科（Sebastiano Larco）、吉诺·波里尼（Gino Pollini）、卡洛·恩利克·拉
瓦（Carlo Enrico Rava）和朱塞普·特拉尼。通常，特拉尼被看作是其中

---

[1]　出自 [德] 汉诺 – 沃尔特·克鲁夫特著. 建筑理论史——从维特鲁维到现在. 王贵祥译. 北京：中国建筑
工业出版社，2005：304.

[2]　马格利塔·萨法蒂（Margherita Sarfatti）是一位著名的艺术评论家，是墨索里尼的女友，同时也是 1923
年"九百派"在米兰皮萨罗（Pesaro）画廊展览出资人。后来她在家族墓园项目中雇用了特拉尼。

的重要代表人物。从 1926 年 12 月 1 日开始,到 1927 年 5 月,"七人小组"连续在《意大利回顾》(Rassegna Italiana)上发表以"建筑"(Architettura)为题的大型宣言。通过这些宣言,阐述了他们的立场:

> 年轻一代对于新精神的渴望是以对过去可靠的知识为基础的,而不是凭空建立起来的……我们的过去与现在,两者之间并非水火不容。我们并不想割断传统……新建筑、真正的建筑,必须来自于对逻辑和理性一丝不苟的坚持。一个坚定的构成主义者必须支配这些原则。新的建筑形式,将不得不单独地从其必要性的本质中获得它们的美学价值,选择的唯一结果,是将产生一种新的风格……我们并不是宣称要去创造一种风格……而是从对理性的一贯应用中,从与建筑结构及其预期目标的完美联系中,得到选择的风格。我们应当继续尊崇纯韵律的抽象完美与不确定性;仅仅是简单的建筑式样,是没有美观可言的。[1]

宣言前半部分清晰地表达了这些年轻人对未来主义的反抗,也表达出对"九百派"根植于历史和传统,并且试图将民族传统与现代性融为一体的认同。这里我们必须看到,他们对未来主义的虚幻的乌托邦式的想象进行了批判,但并非是宣言式的否定。这种批判的继承可以说是促成意大利理性主义风格形成的重要源泉之一。而后半部分则更加具体地阐述了他们对于"新建筑"的需求,以及对于传统主义建筑学的否定,特别是表达了他们对于理性建筑的向往和对于审美的批判。虽然在出发点上"七人小组"与"九百派"是一致的,但是从历史进程上来看,最终"七人小组"坚定地走向了理性主义,而"九百派"则倒向了民族新古典主义。

"七人小组"的立场是建立在对于理性主义建筑的认同上的。他们所追求的是"严格、清晰、明白易懂的逻辑性",他们的宣言是以"新精神诞生了"这样的话作为开始,直接指向杂志《新精神》。而勒·柯布西耶则正是理性建筑学最重要的开创者之一。

以德国、奥地利、荷兰和斯堪的纳维亚建筑状况的概况为开始,宣言提及在这些国家所发生的新趋向,同时宣言否定了仅仅通过采纳德国的实践就能够实现意大利建筑复兴的思想。相反,宣言中认为一个具有可建设

---

[1] 出自 [德] 汉诺－沃尔特·克鲁夫特著. 建筑理论史——从维特鲁维到现在. 王贵祥译. 北京:中国建筑工业出版社,2005:306.

性的理性主义,应当充分考虑地形、地貌和气候的条件,这些都与马塞洛皮亚岑蒂尼(Marcello Piacentini, 1881-1960)的"环境主义"之间建立起了某种联系,尽管只是寥寥数笔,但却和"国际式"建筑的原则拉开了距离。宣言声称,由于意大利的历史传统,及其在墨索里尼统治之下的崛起,使得意大利在新建筑学中正在扮演着领导者的角色:

> 意大利能够胜任将这种新精神发扬光大的职责,并承担起其极端的后果,从而能够达到主宰其他国家风格的境地,就像这个国家的过去那个伟大的时代一样。[1]

宣称是代表年轻一代说话的,"七人小组"拒绝未来派式的反叛——尤其是他们对于以往的那种"浪漫式的"否定。同时,"七人小组"也表达了对于根植于历史与传统之上的清晰感与秩序性的向往。他们也对当时的传统主义建筑学提出了否定,认为那只不过是将过去的立面钉在了骨架之上。这一点直接导向了宣言中理论争辩的核心部分,这是一场以对理性主义、对建筑的"需求"、对类型和新审美观的信奉为基础的争辩。

他们认为立足于可靠的基础以及建立一种巨大的明晰性就可以避免以往先锋派们的争端,特别是他们将自身的革命性等同于法西斯主义的革命,将自己看作是重要的领军人物,将民族主义建筑复兴与法西斯之间建立了直接的联系。同时,"七人小组"的立场明显地将自己置于先锋派的阵营,从而与意大利保守派的主张形成对立。

意大利现代建筑在先锋派和保守派之间的分界线通常与意大利南北部传统文化的分界线相重合。米兰是先锋派的中心,未来主义、"九百派"和理性主义都是源于此地;罗马则被认为是保守主义的阵营,一个长久以来被教皇和贵族们控制的城市,它的建筑都是个体的、保守的。此外,两个城市的主要理论人物分别是米兰的埃德加多·帕西科(Edoardo Persico, 1900-1936)和罗马的皮亚岑蒂尼。他们互为论战的阵地是帕西科和朱塞普·帕加诺(Giuseppe Pagano, 1896-1945)创办的《美宅》(Casabella)杂志和皮亚岑蒂尼创办的《建筑》(Architettura)杂志。先锋派们受到了来自欧洲邻国的现代运动的影响,逐渐将在这种影响下的

---

[1] 出自[德]汉诺 – 沃尔特·克鲁夫特著.建筑理论史——从维特鲁维到现在.王贵祥译.北京:中国建筑工业出版社, 2005:306.

建筑发展方向发展成为意大利理性主义运动；而皮亚岑蒂尼所倡导的新古典主义（Neo-Classicism）和地中海风格（Mediterranean）更好地迎合了统治阶级，而处于民族文化的主导地位。

皮亚岑蒂尼，是 20 世纪最为成功的意大利建筑师。[1] 他的一生从现代性的影响到纪念性的新古典主义，以及在法西斯政治的背景下进行城市规划，涉猎广泛。皮亚岑蒂尼出身于一个 19 世纪显赫的建筑家庭，受到了更多典型的意大利资产阶级古典主义的影响。因此，他不可避免地捍卫他自身的阶级，以及保守主义的观念，反对激进主义和自由主义。皮亚岑蒂尼认为建筑存在于地理与历史的连续中，这一点使他倾向于环境主义和地中海风格。他也经常以一种基于意大利民族传统和国家的特殊气候条件的观点来对现代主义建筑进行批判。他认为：

> 我们（意大利）最终不能接受那些整面的玻璃幕墙和低天花板（这里暗指平屋顶）的新的法则；我们必须根据自身的情况，要抵御一年里超过半年的烈日暴晒和高温，这样阁楼就是必需的。这就意味着我们必须运用天然的、沉重的材料。[2]

我们从中可以看出他的观点一方面是基于罗马所在的地理位置，另一方面，对玻璃幕墙和平屋顶的否定表明他对古典主义形式的肯定。他的这些主张遭到了来自北方的强烈抨击。特拉尼反驳道，在适当遮蔽的情况下，整体的玻璃表面不会导致不宜居住的室内空间。

然而，皮亚岑蒂尼认为自己是有远见的。他在一战之后曾是罗马先锋的一分子，他设计的科西嘉电影院（Cinema Corso，1925）还被认为是现代意大利建筑的第一座里程碑。他也肯定了很多现代主义者们的努力，并且后来邀请他们中的一些人与他合作罗马大学（University of Rome）。这种与理性主义者们召唤式的合作，以及最终走向广受批判的骑墙的折中主义，反映出当时理性主义建筑师们的心态。由于将自身的革命性寄托在法西斯意识形态中，因此，大部分的理性主义建筑师们响应了这种召唤，并且使得自己逐渐沦为对于形式和美学的追求。值得注意的是，皮亚岑蒂

---

[1] 这句论述是在"建筑（或艺术）依附于政治"这样的条件下做出的。在当时的背景下，皮亚岑蒂尼在意大利的地位相当于斯皮尔之于德国。

[2] 出自 [德] 汉诺 - 沃尔特·克鲁夫特著.建筑理论史——从维特鲁维到现在.王贵祥译.北京：中国建筑工业出版社，2005：311.

尼始终都没有邀请过特拉尼。这既是特拉尼能够坚持不懈地进行理性主义运动并且作为领军人物的一个客观背景,同时也能侧面证明特拉尼在罗马,甚至意大利南部都没有最终建成建筑绝非一种巧合。在 1930 年出版的《今日建筑》(L'Architettura d'Oggi)中,皮亚岑蒂尼选择性地刊出了诸如密斯·凡·德·罗(Mies van der Rohe)的巴塞罗那馆(Barcelona Pavilion)和沃尔夫住宅(Wolf house)及勒·柯布西耶的拉·罗歇 - 让纳雷住宅(La Roche-Jeanneret Houses)在内的一些欧洲先锋派的建筑。这本小书里的插图表达了一个在传统著名建筑和先锋派之间的平衡。皮亚岑蒂尼的理论目标是主张意大利地方主义化,继而向古典主义前进,声明"现代主义地域性的面貌,是带有个性、幻想和艺术性质的,反对国际主义客观的、纯逻辑的和技术的"。这种地域性的面貌要和历史发生关联,和地理学的态度一样。根据皮亚岑蒂尼的说法,他认为罗马和米兰之间的差异可以归因于是历史意识,甚至是人文气质:

> 在罗马人的控制下,建筑是源于自然的,一种大而庄严的感觉:在米兰人之间,是一份矜持,一份慎重……前者,从 16 世纪的意大利艺术中寻找灵感,他们的"灵魂"是桑加洛(Sangallo)……后者,他们最为直接的联系是 19 世纪中期在北部意大利迅速发展的古典主义,他们的"灵魂"是帕拉第奥(Palladio)。[1]

他的这段话的确说到了重点,也为笔者进行特拉尼的研究提供了一个参照点。

除了"七人小组"的建筑宣言外,从 1927 年开始,特拉尼与助手鲁伊吉·朱科利(Luigi Zuccoli)在科莫的独立大街(Indipendenza)23 号一起开办了事务所,正式开始了建筑实践。直到 1943 年特拉尼去世,朱科利一直都是他的助手,他们合作完成的最后一件重要作品就是二战期间特拉尼重返军队时设计的朱里亚尼·弗里杰奥公寓(Giuliani-Frigerio Apartment House)。朱科利评价特拉尼说:

> 他是一个格罗皮乌斯(Gropius)、勒·柯布西耶,荷兰人、俄国人和

---

[1] 出自 [美] Thomas L. Schumacher. Surface & Symbol: Giuseppe Terragni and the Architecture of Italian Rationalism. New York: Princeton Architectural Press, 1991 : 29. 作者自译。

日本人的仰慕者；但是他发现除了勒·柯布西耶以外，他们都是刻板的和冷淡的，他把勒·柯布西耶看作是很地中海式的，或者更好、更加艺术和抒情的一种表达。[1]

1928 年对于特拉尼或者意大利建筑都是极其重要的，特别是"七人小组"开展了 MAR（Movimento per l'Architettura Razionale）——理性主义建筑运动。他们参与了在罗马展览宫（Palazzo della Esposizioni）举办的第一届意大利理性主义建筑展（Esposizioni di Architettura Rationalists）。这次展览使得理性主义的理念与公众有了进一步的广泛接触，并且第一次对"理性建筑"提出了定义：

> 理性建筑，正如我们所理解的那样，在新的建筑设计，在材料特性，以及在对建筑设计所可能要求的完美回应等方面，都再现了和谐、韵律与均衡。[2]

这一看起来富有国际化的定义，不仅涉及现代建筑关注的问题，而且通过增加对古罗马法则的介绍和将建筑的"理性"品质同"民族"特性等同起来，表达了一种民族性的倾向，从而"在真正的法西斯主义精神之下"，理性建筑重新为意大利赢得了曾在罗马人统治下所享有的光荣。这不仅表达了理性主义者们对于意大利新建筑的要求，同时也体现出了对于勒·柯布西耶所提出的"机器美学"或者"技术美学"的否认。这种否认直接来源于他们对于新材料，或者说是混凝土的美学标准的认识上。理性主义者们建立的新的美学标准，认为：

> 混凝土是一种能够通往新古典主义的纪念性的材料。与早期的希腊建筑相比，新形式的特征是简洁的表面，和由各个层面的开合而产生的安静的节奏感，其间的几何阴影创造了某种空间的特性。所有的个人主义必须被摒弃。只有以这种方式才能创造出一种统一的风格，从而最终达成真正的："意大利"建筑——这是一种具有"庄严的纯净"与"宁静的美"

---

[1] 出自 [美] Thomas L. Schumacher. Surface & Symbol: Giuseppe Terragni and the Architecture of Italian Rationalism. New York: Princeton Architectural Press, 1991 : 27. 作者自译。

[2] 出自 [德] 汉诺－沃尔特·克鲁夫特著. 建筑理论史——从维特鲁维到现在. 王贵祥译. 北京：中国建筑工业出版社，2005 : 307.

的建筑。新的纪念性来自于历史与民族特色。[1]

可以说，新古典主义是他们的出发点，这就找到了理性主义与 20 世纪画派运动的某些直接联系，也表达了他们对于"民族主义"和"国际主义"的区分。他们认为，新的真正的和原创性的建筑类型，只能通过摒弃个体、牺牲主观原则、关注当前需要，并对逻辑加以最严格的应用才能够产生。在展览中，特拉尼展出了当时正在建设中的新科莫公寓（Novocoum apartment building），这座建筑被认为是意大利理性主义第一件建成的作品。

皮亚岑蒂尼从根本上否定了这次展览，他认为古罗马人的建筑法则所倡导的美学价值在事实上根本就是非理性的。同时他对于理性主义者们提出了一针见血的批评：

> 成行的玻璃窗在北欧有着完美的秩序感，但却不是在意大利的阳光之下；平屋顶，只会将建筑物的顶层暴露在酷热和严寒之下，这就是理性主义的代价之一；窗户缺少百叶窗，就去掉了一种对抗正午阳光的手段，等等诸如此类。[2]

在皮亚岑蒂尼看来理性主义仅仅是一种风格而已，并没有对于现存建筑环境给予足够的重视。这一点，再一次清晰地反映出意大利南北部的差异以及先锋派与保守派的针锋相对。

建筑师阿达尔贝托·里贝拉[3] 则代表理性主义给予了回击：

> 皮亚岑蒂尼的出发点是对"理性"这一术语的错误解释：建筑学作为结构，首先必须关注技术、实用和理性因素；建筑学作为艺术，也必须表达现代精神和现代感，但不允许和这些技术、实用和理性因素相抵触，

---

[1] 出自 [德] 汉诺－沃尔特·克鲁夫特著.建筑理论史——从维特鲁维到现在.王贵祥译.北京：中国建筑工业出版社，2005：307.

[2] 出自 [德] 汉诺－沃尔特·克鲁夫特著.建筑理论史——从维特鲁维到现在.王贵祥译.北京：中国建筑工业出版社，2005：307.

[3] 阿达尔贝托·里贝拉是意大利理性主义代表建筑师之一，最著名的作品是卡普里（Capri）岛上的马拉帕尔特别墅（Casa Malaparte）。

因为时代的氛围是受其统治的，现代感也是受其限定的。[1]

可以说里贝拉的观点是精辟的，他不仅说出了理性主义对于结构、技术的实用性和对于艺术的从属关系的认识，同时也与国际主义、"九百派"等先锋派划清了界线。他对于建筑环境的理解上升到了一种时代氛围，而并不是简单的形而下的物质环境。

1928 年，在蒙扎（Monza）装饰艺术展上，特拉尼展出了他的第一批专业项目：一个煤气厂设计和一个管道铸造工厂设计，它们都是在科莫的项目。这些未建成的项目都明显地受到现代主义，特别是构成主义的影响。接着，特拉尼完成了第一个委托项目：科莫的卡沃（Cavour）广场的瑞士首都旅馆底层立面重建（Revision of the facade of the Albergo Metropole-Suisse）。这个项目中古典的细部、风格主义的局部引起了一些对立的评论家关于现代建筑的争论。随后，特拉尼与其他意大利先锋建筑师一起受邀参加在斯图加特的魏森霍夫展览（Weissenhof Exhibition）。

这一年，特拉尼加入了国家法西斯党并且在军队服役。这可以看作是理性主义全面向法西斯政权靠拢的一个趋势，尽管没有明显的证据证明特拉尼是一个像皮亚岑蒂尼那样的机会主义者，但不可否认的是，这种与政治势力保持一致的立场直接促进了理性主义的发展，同时也导致其在二战后的短暂停滞。

第三节　特拉尼对现代建筑探索的两面性

20 世纪 30 年代，意大利建筑历史上发生了一系列事件。首先是1930 年"意大利理性主义建筑运动"（Movimento Italiano per l'Architettura Razionale）（MIAR）组织正式成立。MIAR 最重要的任务是为第二届理性主义展览作准备。此时的理性主义者们，已经明确地流露出将理性主义建筑理论与国家意识形态相结合的愿望。第二届理性主义建筑展也正是在

---

[1] 出自［德］汉诺－沃尔特·克鲁夫特著.建筑理论史——从维特鲁维到现在.王贵祥译.北京：中国建筑工业出版社，2005：308.

"在元首面前提出具体的建议"这样的意图下进行的。

在此之前关于理性主义与新古典主义的论战也一直持续到了这次展览，主要特征是理性的衰退和政治内容的增加。皮耶特罗·马利亚·巴尔迪（Pietro Maria Bardi）是这次展览的重要人物。他的目标是试图将理性主义的建筑理论与法西斯主义的意识形态进行整合。1931年，在罗马的第二次建筑展上，墨索里尼的出席鼓舞了巴尔迪和朱塞普·帕加诺（Giuseppe Pagano）[1]，希望他们的作品能成为法西斯精神的体现。巴尔迪发表了"献给墨索里尼的建筑的报告"一文，这被视作是理性主义倒向国家政治的标志。巴尔迪强调建筑，特别是罗马的建筑，应当采用法西斯主义的外观，并且呼吁国家应当维护这方面的权威性。同时他也认为，建筑是一门国家艺术。在将理性主义的本源追溯到古罗马的同时，他也强调了其现代性。而在这次展览中，MIAR也积极参与，并且寻找与法西斯主义对于建筑的期望相同的方向。

特拉尼反对长久以来将"理性"和单一功能主义的建筑等同起来的潮流，唤起了对于建筑美学的质疑。他不仅将建筑看作一个建造过程，或是一种对于材料满足的需求，而且对建筑赋予更多的一些其他内涵：

……正是意志力的作用使我们将构造和实用性的实现，看作是更高美学价值的目标。当和谐的比例唤起了沉思，或是深邃的感觉，观察者的灵魂也融入了建筑设计之中，只有在这时，才会使某种至高无上的建筑杰作得以实现。[2]

在这个基础上，他对于巴尔迪的观点也进行了发展，提出了包含三点原则的纲要：

宣称建筑是一门国家的艺术；从根本上变革和建筑业相关的法律及其与建造委员会之间的关系；赋予建筑以重任，使其得以再生，并通过建筑而使得法西斯主义理念在世界上获得永久性的胜利。[3]

[1] 朱赛普·帕加诺是当时的重要人物，被认为是"从建筑到民权运动"的积极推进者和领导者。

[2] 出自[德]汉诺－沃尔特·克鲁夫特著.建筑理论史——从维特鲁维到现在.王贵祥译.北京：中国建筑工业出版社，2005：309.

[3] 出自[德]汉诺－沃尔特·克鲁夫特著.建筑理论史——从维特鲁维到现在.王贵祥译.北京：中国建筑工业出版社，2005：307.

这样的宣言与其说是新建筑的需求，倒不如说是对于政权的效忠。与勒·柯布西耶宣称的"新建筑五项原则"相比，这是形而上的口号式宣传。而在当时，恰恰符合了国家意识形态中关于"艺术为国家服务"的观点。

墨索里尼到场支持在罗马开幕的展览，并引发了关于展览的狂热争论，特别是对于展览中许多设计作品所遵从的国际式风格。对于美学的质疑或者将美学上升到一定的高度，是与法西斯主义的潜在要求一致的，也正是出于对"机械美学"的质疑使得特拉尼与勒·柯布西耶等人走上了不同的道路。这也表现在 CIAM 会议[1] 中，特拉尼对于"功能主义建筑"作为国际现代主义建筑的核心问题产生了不同的看法。

这次展览，展示了理性主义者们的理论轮廓，更多的是这种革命被政治加以利用，并受到了这种极权主义（totalitarianism）的影响，诸如意大利建筑要优于其他所有国家的思想，以及对建筑的"军事"风格的崇拜，等等。对古罗马精神的迫切追求，促使墨索里尼的政权要求采用"帝国"式风格。与德国的一体化所不同的是，墨索里尼对于理性主义者采取的是一种"宽容"的安抚态度。这种"宽容"更多地建立在对理性主义者们的利用，一方面帮助现代建筑在意大利发展，产生一些不同于其他国家的集权建筑的表现形式，另一方面也导致了大部分的理性主义者们后来失去了方向，而倒向皮亚岑蒂尼。

在这次展览后，一些 MIAR 的成员接受了皮亚岑蒂尼的邀请，参与了一系列诸如罗马大学等项目的建设。这标志着 MIAR 的瓦解。但是，这并不代表理性主义彻底结束。从某种意义上说，这种集团式的退却反而使得特拉尼等少数人脱颖而出，坚守理性主义的阵地，从而成为这一运动的核心人物，也产生了像科莫法西斯党部大楼这样的经典建筑作品。特拉尼、佩西科和帕加诺等几位坚定的理性主义领袖，相继在 20 世纪 40 年代去世，这种略带神秘色彩的离去，使得理性主义在第二次世界大战后的意大利逐渐失去了影响力。

让我们以佩西科对于这段时期意大利理性主义运动深刻的自省式的批判作为两次世界大战时期意大利的先锋运动历程的回顾：

---

[1] CIAM 是"国际现代建筑协会"的英文缩写，原文为法文：Congrès International d'Architecture Moderne，英文名称 International Congresses of Modern Architecture。1928 年在瑞士成立，发起人包括勒·柯布西耶、W·格罗皮乌斯、A·阿尔托和历史评论家 S·基迪翁（Sigfried Giedion）等在瑞士拉萨拉兹（La Sarraz)建立了由 8 个国家 24 人组成的国际现代建筑协会。

事实上，意大利理性主义并非产生于社会的深层需要，而是产生于诸如风靡一时的欧洲主义"七人小组"的幼稚立场中，或产生于缺乏民族骨气的实际借口中。因此，对其风格匮乏的批评是有道理的：他们的争论只能引向一片混乱，没有触及实质问题，也缺少实际内容。"理性主义者"和"传统主义者"的争端在冷静下来以后变成了一种空泛的和不一致的言论。其中，意见相左的派别都同样显示出理论准备的欠缺和驾驭建筑的无能，因而最终只是一场没有结果的闹剧。意大利理性主义不能在其他欧洲运动的繁荣中显示出活力，这是必然的，因为它本质上缺乏信念。因此，最初的理性主义作为一种欧洲运动，受实践情况的客观现实的推动，发展为"罗马式"和"地中海式"，最终形成全体建筑的最后宣言……可以说，意大利理性主义的历史是一个充满情感危机的故事。[1]

理论家布鲁诺·塞维则认为理性主义者所犯的错误是未能将自己与未来主义的先锋派联系起来，而未来主义的先锋派是他们唯一有价值的先驱。佩西科的观点看起来似乎是对于理性主义自身的缺陷（理论和手法）的批判；而塞维的观点是对于理性主义以反未来主义的姿态登上历史舞台产生了质疑。但这两者之间都暗含了一层含义，就是理性主义并没有像其他的欧洲先锋派那样在革命的前提下向布尔什维克靠拢，而是依靠代表资产阶级的法西斯独裁统治。也正是如此，意大利理性主义运动就注定成为历史的一段灰暗的碎片。

在第二届理性主义展览结束后相当长的一段时间里，理性主义者们都得到政府的重视，或多或少地开始了关于意大利国家主义建筑的尝试。

1932 年，特拉尼受到委托，设计象征 1922 年法西斯政党进军罗马并且夺取政权的"O"室装饰（Sala O），这个庆祝法西斯革命十周年的展览在位于罗马的国家大道（Nazionale）的大展览馆举行。在这次展览中，国家新古典主义者、"九百派"先锋以及理性主义者们共同表达了对于法西斯主义的理解。接着特拉尼又受邀参加了在佛罗伦萨开幕的理性主义建筑展，并展出了早期的三个项目：一座钢筋混凝土大教堂（Cathedral in Reinforced Concrete）、一所容纳 200 个孩子的卡瑞塔幼儿园（Carita Nursery School）和一栋湖边别墅（Villa on the Sea or Lake）。出于各种

[1] 出自［英］尼古拉斯·佩夫斯纳等编著.反理性主义者和理性主义者.邓敬等译.北京：中国建筑工业出版社，2003：119.

原因，这些建筑最终都没有建成。

同年，特拉尼开始详细地开展他职业生涯中最为重要的项目：科莫法西斯党部大楼。在那个时候，他正在重新和建筑师彼得罗·林格里（Pietro Lingeri）合作，同时进行的还有米兰的五座公寓的设计。这些公寓在1933～1935年相继建成。1933年，特拉尼参与了著名的CIAM会议和米兰三年展。这两次重要的活动，一方面使得特拉尼摆脱了科莫这个小城市背景的束缚而迅速进入到国际舞台，从而为后来的科莫法西斯党部大楼及其他项目在欧洲乃至世界的广泛传播奠定了基础；另一方面，在CIAM会议中欧洲对于普通建筑以及居住问题的关注，使得特拉尼在米兰的五座公寓设计中做出了积极的回应。从某种意义上讲，这五座公寓的设计及随后的几栋小别墅设计，对于特拉尼而言，是有意识地对现代主义建筑语言的尝试。

20世纪30年代早期到第二次世界大战之间，在墨索里尼的法西斯党夺取政权之后，整个意大利，特别是罗马开展了很多公共建筑设计竞赛，旨在通过大规模的考古与建设重现古罗马帝国的光荣。特拉尼也参与了其中一些竞赛。在1934年，特拉尼等人参加了罗马的法西斯宫（Palazzo Littorio）国家竞赛。特拉尼一共提交了两个方案，前者还获得了奖励。这个竞赛经历了相当长的时间，其历史意义远远大于竞赛本身，体现出当时政权对于国家民族主义的表现形式的左右为难，又暗示了一场在罗马的保守派和米兰的革新派之间，也可以说是意大利南北之间的斗争。在这次竞赛中，以皮亚岑蒂尼为代表的新古典主义占了上风。虽然这次竞赛是关于法西斯建筑风格的一场辩论，但是并没有确定新古典主义的决定性地位，之后的一系列竞赛也都是这两者之间的直接对话。无论如何，特拉尼最终没能在意大利南部建成任何一个项目。

随着1936年科莫法西斯党部大楼的建成，一系列活动相继载入史册。通过1936年5月7日科莫报纸上头版发表的一张旧照片，我们可以看到在法西斯党部大楼前的广场上有超过一万人庆祝征服埃塞俄比亚以及元首宣布"新罗马帝国"（New Roman Empire）的建立。特拉尼的建筑也随着这张法西斯式的狂热照片传遍世界。

科莫的法西斯党部大楼建成之后，特拉尼开始设计圣伊利亚幼儿园（Sant'Elia nursery school），这是他的另一个理性主义杰作。同时，特拉尼还有两个重要的住宅项目：在科莫附近雷比奥（Rebbio）的园艺师比安奇别墅 (House for the Flower-Grower) 和在米兰附近的塞维索（Seveso）

为他表兄设计的比安卡别墅（Villa Bianca）。

总体来说，20世纪30年代中期是特拉尼事业的上升期，与他对现代主义风格形式的热衷相符合。这个时期对于整个意大利来说都是重要的，因为墨索里尼的法西斯政权对于理性主义者以及现代运动更多的是一种依靠和支持，二者都是在传统和现代的两面性上寻找合适的结合点。这个时期，在一些欧洲国家，特别是纳粹德国，现代运动则遭到了压迫和放逐，新古典主义成为国家意识形态语言。维托里奥·格利戈蒂（Vittorio Gregotti）评论说：

> 在1932年到1936年之间，大量重要的意大利理性主义作品建成了：菲吉尼（Figini）设计的住宅、菲吉尼和波里尼（Pollini）设计的奥里维蒂（Olivetti）办公室、帕西科和尼佐利（Nizzoli）设计的公园商店……以及特拉尼非常重要的作品：米兰的五座公寓（这些都是与林格里合作的）、法西斯宫竞赛的两个方案、贝雷拉(Brera)项目(与菲吉尼和波里尼合作)、圣伊利亚幼儿园、园艺师比安奇别墅和比安卡别墅。[1]

从中我们不难看出，由于意大利法西斯政权对于国家民族主义的模糊性导致了理性主义运动与新古典主义共同发展，正是这一点使理性主义成为现代主义运动的一个重要分支。

接下来就是这场罗马帝国复兴的建设的尾声阶段。1937年，法西斯宫竞赛进展到了第二阶段，这时距离第一阶段已经四年了。同年，特拉尼参加了另外一个重要的项目的竞赛：为罗马第42届欧洲博览会而建的议会中心（the Palazzo dei Ricevimenti e dei Congressi），这是与林格里和塞萨里·卡塔尼奥（Cesare Cattaneo）合作设计的。这是第一次，也是唯一一次三位来自科莫的建筑师共同合作，最终，他们获得了第二名。这个项目与罗马大学项目一样，受到了皮亚岑蒂尼的约束。经过法西斯宫与议会中心的竞赛之后，特拉尼与皮亚岑蒂尼在建筑立场上的对立已经非常清晰。特拉尼无法接受后者对于古典主义的模仿和折中。此时的特拉尼，已经在传统和现代的转化过程中坚定地站在了理性主义这一端，并且逐渐成为一位手法纯熟的现代主义大师。

---

[1] 出自 [美] Thomas L. Schumacher. Surface & Symbol: Giuseppe Terragni and the Architecture of Italian Rationalism. New York: Princeton Architectural Press, 1991：31. 作者自译。

　　1938 年，特拉尼接到了在罗马设计但丁纪念堂（Danteum）的委托。这个被誉为是 20 世纪最伟大的未建成的作品，实际上是一座高度形而上的建筑。它是一座为墨索里尼修建的穿越罗马帝国大道的纪念性装饰建筑。由于第二次世界大战的爆发和意大利的参战，使得这座经由墨索里尼批准的"帝国纪念碑"不得不取消。这也是特拉尼与法西斯意识形态核心走得最为接近的一次。

　　战争爆发后，特拉尼一如既往地进行着建筑设计，但是委托以及建成的项目——特别是像中产阶级的住宅和公共建筑的委托——越来越少了。这段时期特拉尼建成了科莫的一座低收入者公寓（Working class housing）。之后，他又设计并建成了米兰附近的里索内法西斯党部大楼（Casa del Fascio, Lissone）以及科莫的朱里亚尼 - 弗里杰里奥公寓。这两座建筑是他晚期的重要作品。特别是后者，是特拉尼在军队中坚持完成的设计。1940 年，特拉尼再一次接到了来自罗马的委托，设计罗马附近的特拉斯特维里地区法西斯党部大楼（Casa del Fascio, Trastevere Quarter），在他完成了草图之后，便被重新召回到意大利军队中，再一次与罗马失之交臂。

　　1940 年，他离开巴尔干半岛，在 1941 年 7 月 11 日，作为炮兵上尉前往苏联。在这段时间里，他尽可能地做一些建筑设计，不间断地画着草图。他设计了一个整体剧场（Total Theatre）、罗马附近的特拉斯特维里地区法西斯党部大楼、退台（Stepped-section）公寓等。

　　特拉尼在斯大林格勒一战中中弹受伤，在国外的医院经过短暂的治疗后，于 1943 年 1 月返回了意大利，他在塞萨纳提科（Cesanatico）的医院里逐渐康复。他的表兄安排他转到了科莫附近的奥加特·科马斯科（Olgiate Comasco）。接着他又到了帕维亚（Pavia）的一所医院。他被诊断是精神崩溃症，并且受到了精神病专家的医治。在这里他仍然坚持完成了最后一些草图，包括一个医疗站设计。受到家庭的影响，特拉尼最终回到了科莫。他最后的设计是一个带有隐喻之意的混凝土教堂，相当巧妙地暗示了圣母玛利亚的"庇护"。这个时期的大部分草图都透露了一种凄凉，就像通向墓地的入口一样。似乎特拉尼已经预见到死亡的到来。

　　朱塞普·特拉尼于 1943 年 7 月 19 日去世，距离墨索里尼宣布意大利战败只有六天。他被安葬在位于塞维索的家族墓园里。当然，特拉尼最终都没有能看到他一生所信仰的法西斯主义的最终结局。因此，我们也无法判断特拉尼的去世究竟是意味着个体的死亡，还是他对于信仰崩塌之后的迷失。

从特拉尼短暂而特殊的一生中不难看出，他与当时意大利一样，一直处于一种左右不定的徘徊之中。民族主义、现代主义、抽象与具象、象征性等，特拉尼的建筑中同样体现了这场开始于 20 世纪 30 年代的关于建筑形式与民族性的争论所带来的不确定性和模糊性。这是一个向现代主义转化的过程。本书正是以特拉尼的这种两面性作为线索展开研究的。

第三章

特拉尼民族主义的建筑表达

　　20 世纪初期到两次世界大战期间的意大利建筑很难用一个合适而清晰的方式来定义。先锋派的建筑虽然受到荷兰、德国和法国的冲击和影响，但是没有表现出超越前者的"先进性"。同时，保守派们坚持的新古典主义也迟迟未能取得"主导"地位。特别是在墨索里尼统治时期的一些大型项目，建筑并没有以一种合适的类型来表达相关的体裁。这明显地表现出政权在先锋派和保守派之间左右，就像穆齐奥在 1921 年的态度：

> 今天，对我们来说，反抗这种混乱的、日益加剧的个人主义建筑是
> 必要的。我们必须重新建立建筑的秩序法则，一种不同寻常的社会艺术，
> 一定——对于一个国家而言，首先要结合传统——包括协调和均衡……我
> 们希望今天能够再一次开始一个对于古典传统的艺术、文化的繁荣时期。[1]

　　穆齐奥的话几乎可以代表当时整个欧洲对于集权建筑的理解，是对历史和文化的延续。因此，大多数国家都走向了新古典主义。

　　虽然特拉尼坚持"理性"的现代主义道路，但是他们的出发点是"传统与现代的结合"。事实上这些现代主义运动的建筑师们开始他们自己的事业时，都有这样或那样的古典主义语汇的运用。弗兰克·罗伊德·赖特（Frank Lloyd Wright）、勒·柯布西耶、密斯、阿尔瓦·阿尔托（Alvar Aalto）以及特拉尼都是出自学院派的古典主义教育，之后又在设计与工程中不断探索和学习，他们的早期作品都显示出纯熟的传统设计手法。

　　20 世纪 30 年代，特拉尼的设计表现了两个趋势。一个是在抽象形式

---

[1]　出自 [美] Thomas L. Schumacher. Surface & Symbol: Giuseppe Terragni and the Architecture of Italian Rationalism. New York: Princeton Architectural Press, 1991：22. 作者自译。

上的表达与坚持，另一个是以现代的形式与古典或历史的平面相结合形成有机的整体。而这些探索的动力很大程度上是源自于国家政治对民族主义建筑的要求。这种政治的模棱两可的要求，表现在特拉尼对于民族主义建筑抽象和具象、古典和现代、建造和形式、破坏与沿革这些问题中的思考与转化。

第一节　作为战争记忆的纪念碑

在 20 世纪 20 年代末到 30 年代初期，特拉尼接到的委托项目大多是纪念碑或者墓地设计，特别是一系列为纪念 1918 年第一次世界大战而建的烈士纪念碑（Monument to the Fallen）设计。在那段时间里，作为第一次世界大战战后的纪念以及反思的形式，纪念碑广泛地在欧洲建设。这种对于战争记忆的表达，是人类一种特定文化的记忆。在这些形式中，我们可以把公众纪念行为看作一些时刻，在这些时刻里，历史、个人记忆和文化记忆不断交替的话语汇合了。[1]

对于建筑师，表达这些回忆镜头的符号、隐喻以及仪式性是首要的问题。而对于特拉尼，这些设计，就好像是小住宅之于勒·柯布西耶那样，是作为一种对于形式和空间组织的尝试。他似乎在利用这些机会来发展空间组织、建筑路径以及在传统与现代之间建立一定的联系。特拉尼的风格以及形式处理的很多变化都体现在这一系列纪念物的设计中。纪念碑是一个有着特殊意义的研究方向，因为它们具有自然的、内在的纪念性，来自于历史与传统的仪式性以及强烈的形式感与象征性。同时，作为单体建筑，它们的功能需求相对简单。在这些设计中，特拉尼更多地探索地域性和源于传统的组织方式，这些不断转化的思想在其他的设计中体现出了更多的价值。就像丹尼尔·维塔勒（Daniele Vitale）写道：

> 纪念碑和墓地设计对于特拉尼而言，不仅是通向建筑研究与发展的道路，而且是孕育这些思想重要的、肥沃的土壤。[2]

[1] 出自 [美] 马里塔·斯肯特. 视觉文化读本. 南宁：广西师范大学出版社，2003：122.

[2] 出自 [美] Thomas L. Schumacher. Surface & Symbol: Giuseppe Terragni and the Architecture of Italian Rationalism. New York: Princeton Architectural Press, 1991: 109. 作者自译。

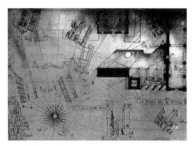

图 3-1 科莫一战烈士纪念碑竞赛图，1926　　　图 3-2 科莫一战烈士纪念碑透视图，1926

　　事实上，在这些项目中所体现出的对于传统与纪念性的思考和运用，为后来特拉尼在寻找法西斯意识形态下民族主义建筑的发展方向提供了巨大的帮助。

　　特拉尼一共参与了 4 次纪念碑的设计，分别是 1926 年科莫的第一次世界大战烈士纪念碑竞赛、1928 年埃尔巴镇（Erba，科莫郊区）第一次世界大战烈士纪念碑竞赛以及 1931 年的圣伊利亚纪念碑（Sant'Elia Monument）的委托设计[1] 以及一座象征民族复兴的纪念碑。在这些设计中，所体现出的是对于战争或者纪念性的不同认识。它们之间所表现出的差异，不仅是形式上的，更多地是思想上的变化与选择。

　　最早的一个设计是 1926 年科莫一战烈士纪念碑竞赛，竞赛选址位于科莫主教堂（Duomo）、布洛勒托宫（Broletto Hall）和圣吉科莫（S.Giacomo）巴西利卡的古罗马钟塔之间的敏感地区。由于是在科莫的老城核心区域，因此特拉尼将纪念碑置入历史与传统的语境中。特拉尼在竞赛图中采取了蒙太奇式的拼贴（图 3-1），援引了周边历史的建筑形态与符号：拱券和柱式。这个设计带有明显的文艺复兴时期的风格。从图中可以看出特拉尼特别强调了文脉和轴线关系，新置入的纪念碑设计几乎受到了所有的原有历史建筑的控制，体现出一种对于历史的尊重与让步。最终是一种水平性的表达，很好地"隐藏"在那些中世纪的遗产之中（图3-2）。

　　这座纪念碑的铭文，特拉尼选择的是格言"神圣的建筑，神圣的场所"（Sacra tego, tecta sacra），这与当时其他的获奖者采用的"意大利万岁"

---

[1]　这三座纪念碑的正式名称都为烈士纪念碑（Monument to the Fallen），后者作为纪念圣伊利亚的纪念碑而又称为圣伊利亚纪念碑（"Sant'Elia" Monument）。

图 3-3 埃尔巴一战烈士纪念碑总平面，
1926-1932

图 3-4 科莫一战烈士纪念碑入口透视图，
1926-1932

（Viva L'Italia）完全不同。我认为强调"建筑"与"场所"体现了特拉尼对于历史建筑和文脉的重视，同时侧重纯粹的纪念性表达，而并不是作为一种口号式的政治宣传手段。这一点我们也可以看到，特拉尼的这个设计的出发点是出于传统的而不是政治的。

这个方案虽然最终未能实现，但是它的重要之处在于特拉尼的这种考古学的设计方法。这种对于历史"先例"的尊重与让步是他处理类似问题的思路，拼贴这种方法在后来的罗马法西斯宫竞赛中以及晚期的但丁纪念堂设计中，都加以运用和发展。这是他处理意大利传统城市典型历史环境的重要手段。

埃尔巴是科莫东边的一座小镇。1926 年这个小镇委托特拉尼为在第一次世界大战中阵亡的英雄们设计一座纪念碑，然而直到1932 年才建成。特拉尼在埃尔巴一战烈士纪念碑的设计过程中经历了长期的反复思考，最终表现出的是非常简单而纯粹的仪式性。

这座纪念碑位于埃尔巴镇中心西面的山上。特拉尼设计的出发点同样是出于对环境的思考与对城市的尊重。一道连接镇上主要道路和纪念碑的长长的东西向大楼梯随着山势的起伏逐步上升通向山顶的祭坛（图 3-3）。特拉尼的意图是通过大尺度的楼梯给予这种攀登带来一些"困难"，从而作为一种庄严的仪式，向为国家付出生命的英雄们致敬（图 3-4）。这种由拉长距离而产生的水平的纪念性，在我看来更像是源于宗教的仪式，通过不断延续的空间前序，为参与者带来充分的心理准备与精神准备。就像拉丁十字的教堂空间序列或者中国传统的陵墓空间序列一样，作为一种庄严仪式的组成重要部分。

从特拉尼前期的草图中可以看到，他在尝试相互垂直的大楼梯与水平矮墙之间的组合关系（图 3-5）。在大楼梯与矮墙的结合处，特拉尼采用

图 3-5 埃尔巴一战烈士纪念碑方案草图，
1926-1932

图 3-7 埃尔巴一战烈士纪念碑祭坛入口，
1926-1932

图 3-6 科莫一战烈士纪念碑顶层平台回望，
1926-1932

了半圆形，在经过了五段楼梯的攀登后，可以到达一个平台，这里是一组凸出的圆柱门廊和一对通向最终平台弧形的楼梯，在这组门廊内部，我们可以看到一个带有祭坛的神龛：一个内凹的承重墙体被切割成弧形和柱形小洞的祭坛。继续沿祭坛两侧的楼梯向上攀登，到达最高处的半圆形拱券柱廊环绕的平台。这时如果回望，就可以看到那从镇中心延伸出来的长长的仪式性路径（图 3-6）。因此，可以看出，在这个设计中，特拉尼采用了圆形来控制空间的组合，一方面是以这种几何形与自然环境发生更好的融合关系；另一方面则是暗示祭坛的多向性。这是一种典型的纪念性手法，特别是这个大楼梯。特拉尼在这座纪念碑设计中体现了宗教性以及非宗教性的结合，在他后来的设计中也同样显示了这种模糊性。

在这座纪念碑的祭坛设计中，特拉尼采用了很多传统的符号，例如拱门、壁柱、回廊等，似乎是源自于文艺复兴时期的影响。祭坛正中，特拉尼选用的铭文是"为了曾经是的，为了现在是的，为了将来是的"（Per quelli che ero，per quelli che sono，per quelli che sarò）（图 3-7）。从中读出潜在的指向是烈士们精神永存。这些符号也很容易让人想起特拉尼 1926 年科莫阵亡烈士纪念碑竞赛的方案。而特拉尼自己则认为这座纪念碑是"意大利第一座理性主义的纪念碑"。[1] 路吉·卡瓦蒂尼（Luigi Cavadini）则称他"抓住了这个时代的纪念性的特征"。

如果从时代特征的角度看，特拉尼这两个设计无疑是处于一种战争反思的立场中。相比当时俄国构成主义对于象征权力和荣誉的垂直纪念性符号系统的表现而言，特拉尼则明确地表达了水平纪念性，这不是一种矗立在环境之中的物体，而是地面的延续。也不是宣传战争或者胜利的宣言，而是一种安静的思索。

"圣伊利亚"纪念碑是在 1931 年提出的，这时已经距离一战结束长达 12 年之久，经历了这样大的时间跨度，我们很难再将它与战争记忆发生直接的联系。事实上，这座纪念物也的确是象征性大于纪念性的。

这座纪念碑是在马里内蒂的建议下，在科莫湖边修建一座用来纪念在一战中阵亡的未来主义的重要人物，同时也是出自科莫的建筑师——圣伊利亚的建筑的方式来反省战争。那么我们就不难看出这个项目潜在的未来主义文本。一方面体现了当时未来主义之于法西斯政权的重要地位，另一方面也为这座纪念物的象征性定下了基调。战争记忆的表达并没有占据主要的位置，而对于未来主义的表达成为这座纪念碑的主题。这也可以作为在特拉尼的设计中，这座建筑如此"特殊"的重要原因。

马里内蒂建议将圣伊利亚著名的发电站（Power Station）草图（图 3-8，图 3-9）转化成三维形态，从而达到对他的纪念。事实上，特拉尼表达了对于这个提议的反对。一方面，这与特拉尼以传统和城市文脉为出发点的设计思想相左；另一方面，特拉尼认为，他无法用建筑学的方式来解释圣伊利亚：

> 圣伊利亚设计的草图是一座发电站。我认为它无法隐喻战争与死亡。他的方案应该用来纪念那些当时的建筑师们未建成的方案……[2]

这表达了特拉尼对于乌托邦的看法，甚至可以说是对未来主义的批判。同时，特拉尼也认识到从这样一个草图中去创造一个合适的纪念性空间的难度。实际上，从马里内蒂的角度看，这座纪念物本身就更像是一个

---

[1] 出自 [美] Thomas L. Schumacher. Surface & Symbol: Giuseppe Terragni and the Architecture of Italian Rationalism. New York: Princeton Architectural Press, 1991：52. 作者自译。

[2] 出自 [美] Thomas L. Schumacher. Surface & Symbol: Giuseppe Terragni and the Architecture of Italian Rationalism. New York: Princeton Architectural Press, 1991：115. 作者自译。

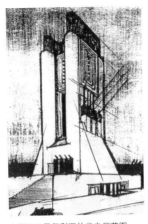

图 3-8 圣伊利亚的发电厂草图,
1914

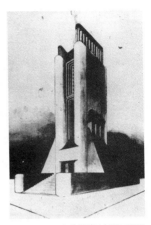

图 3-9 特拉尼重新绘制的圣伊利亚草图,
1931-1933

象征性的符号而不是建筑。因此,特拉尼根据纪念碑所在地的周边环境提出了一个更为抽象的方案:在一个矩形的大台基上,两个平行的垂直矩形被一个狭长的实体分割成为两个抽象的雕塑,楼梯在实体的两侧,引导人们进入并穿越这个纪念碑。建筑并没有室内空间,只是通过仪式性的路径体现纪念性。这座雕塑面对着科莫湖,水面成为死亡的隐喻(图 3-10)。

　　然而特拉尼的提议并没有被采纳。马里内蒂希望拿出一个他们想要的方案。也正是这种"强硬"的要求,最终导致了这个非常特殊的特拉尼作品的出现。最终的方案忠实地再现了那张草图,除了整个建筑都是由石材建造——这一点上似乎体现了特拉尼对于纪念性与科莫传统的表达,而不是圣伊利亚描绘的混凝土和钢的建筑乌托邦蓝图(图 3-11)。这也体现在铭文的选择中,面对城市的正立面刻着"这个城市以卡斯特的岩石赞美她的子民的荣耀"(La città esalta con le pietre del carso la gloria dei suoi figli.)。在面对湖水的一面则刻有圣伊利亚的诗句"今夜我们将在的里雅斯特入睡或者在天堂与英雄们同眠"(Stasera si dorme a trieste o in paradiso con gli eroi.)(图 3-12)。我们可以看到,虽然设计严格地受到了他者的控制,但是特拉尼还是巧妙地在设计中以隐喻的方式表达了自己对"材料—传统"和"水面—死亡"的理解。

　　特拉尼对于室内空间的解决办法是使用地下室空间。祭坛设在地下所带来的下行的路径方式,也出现在了特拉尼晚期的一些墓地设计中。并且这种下行的方式似乎与后来的法西斯公共建筑的上行的路径形成了意义上

图 3-10 特拉尼前期设计的"圣伊利亚"纪念碑，
1931-1933

图 3-11 "圣伊利亚"纪念碑正立面，
1931-1933

的对比。虽然作为一座纪念碑，仪式性是其内在的要求，但是对于这座纪念碑而言，仪式与空间的经历并不重要，一切重要的信息都完全体现在表面的阅读中。

这座纪念碑选取的参照——圣伊利亚的草图，也并不是没有用意的。圣伊利亚的这张草图表现了一种绝对的垂直性，就像前文所言，这种形式是很好的权力宣传载体。也正是如此，马里内蒂才如此坚持这个形式，并试图将其作为未来主义的标志。事实上，从这个意义上说，这也可以算是未来主义唯一建成的一座建筑物。而作为特拉尼的建筑，则与其他的设计发生较少的关联。这也可以从最终的名称看出这一点，这座建筑应该被称作"科莫一战烈士纪念碑"，而对于特拉尼的研究而言，则更倾向于称之为"圣伊利亚"纪念碑，使这个建筑的潜在象征性与隐喻显现出来。

在充满争议的"圣伊利亚"纪念碑建成之后，特拉尼还设计了另外一座民族复兴纪念碑（Land Reclamation Monument）。在 1932 年设计的这座纪念碑看似是一座象征性鲜明的建筑。这是一个通常被忽视的特拉尼设计，而作为特拉尼设计的纪念性建筑而言，它却有着重要的意义。

从这个设计的名字而言，可以预见其重要的象征性。但是并没有证据可以证实这座建筑是在法西斯政权授意下进行的，1932 年这个时间似乎说明了这种可能性（因为它距离意大利民族革命胜利以及第一次世界大战都过于遥远），在这一年，法西斯政党夺取政权已经 10 周年。因此，这座建筑很有可能是一座象征法西斯权力的宣传建筑。

图 3-12 "圣伊利亚" 纪念碑入口与铭文，
1931-1933

图 3-13 民族复兴纪念碑计算机模型，
1932

　　这座纪念碑是继 "圣伊利亚" 纪念碑以外，第二座表达垂直性的纪念建筑（图 3-13）。与特拉尼设计的其他纪念碑不同的是，在这座建筑中采用了混凝土，而并不是作为特拉尼纪念性建筑的重要象征元素的花岗岩或大理石。更重要的是，在这个设计中，无论是形体还是元素的组合，都是极为抽象的，这与前面的纪念碑设计截然不同，似乎很难从这个设计中看到一个 "先例" 的存在，也并没有对于场所或者环境的暗示，只是以水平台基、平行的窄墙、单向大楼梯以及垂直的高塔，这些作为一种纪念性或者说一种仪式的最基本构成元素进行的组合，并且没有任何装饰，是完全现代主义的表现（图 3-14）。我们似乎可以将它看作是特拉尼对新材料纪念性的一种尝试，而基座、大楼梯的运用，又暗示了传统的纪念性特征的存在。

　　从这两座纪念碑设计中，我们看到的是与前面水平性的纪念碑完全不同的表达。这两者更多的是基于纪念性主题中对于象征性的表达，并且似乎都有对于权力的种种暗示和隐喻。

　　特拉尼的这 4 座纪念碑设计表面上看是 4 个独立的设计，并且隐约体现按照年表的序列从传统到现代的一定程度的转化。而在这些设计中所共同体现出的特征，是阅读特拉尼的关键：大楼梯、向上攀登的仪式性路径等都是特拉尼纪念性的符号。

　　我们可以看出特拉尼的设计是以传统和文脉作为出发点，体现出与场所和历史建筑 "先例" 的关系，都表现出了对传统和现代结合的探索。特

图 3-14 民族复兴纪念碑计算机模型正立面，
1932

图 3-15 法西奥束棒图案浅浮雕

别是考古式的手法，与法西斯政党对于民族主义建筑的探索非常相似。

　　而这个时期特拉尼对于水平纪念性与垂直纪念性的思考，对于后来的民族主义建筑探索有着重要的启示作用。特别是法西斯政权对于其建筑的出发点是要有"一座高塔和一座集会的广场"，这本身就是对于垂直性和水平性的体现。

第二节　图像式的公共建筑

　　20 世纪 20 年代，贝尼托·墨索里尼（Benito Mussolini）成为意大利的元首和独裁者，他把古罗马的象征和形象用于其政治目的。在 1922 年以墨索里尼为首的法西斯党夺取政权之后，他就采纳了古罗马权力象征的"法西斯"（fasces）[1] 作为他自己的徽标（图 3-15），而"法西斯"这个词是整个"法西斯主义"（Fascism）运动这一名称的词根。接着，墨索里尼在罗马和北非开始进行大规模的考古发掘项目，此举的目的是想显示他的伟大政体是罗马帝制的一种延伸。此外，他还修建了一块全新的法西

---

[1]　"法西斯"就是 12 根棍棒夹着一把斧头捆在一起，当罗马的高级行政长官走在街上时，由侍从们扛着它以保护他们的权威。出自 [美] 南希·H·雷梅治，安德鲁·雷梅治著 . 罗马艺术——从罗慕路斯到君士坦丁 . 郭长刚，王蕾译 . 桂林：广西师范大学出版社，2005：14.

斯风格的广场。墨索里尼可以说是一个把古罗马的象征和纪念物转变成为他自己的政权服务的舆论工具能手。这种基于考古学的方式在意大利有着深远的影响。

　　早在 18 世纪，画家及建筑师乔瓦尼·巴蒂斯塔·皮拉内西（Giovanni Battista Piranesi，1720-1778）就通过版画的方式对罗马的废墟进行了大量测绘与收集工作；18 世纪中期到 19 世纪中期，考古学家费奥雷利（Fiorelli，1823-1896）对庞贝古城开展了长期、深入的考古发掘，使意大利成为西方近代考古学的摇篮；19 世纪初，贝尔佐尼（Berzoni，1778-1823）开始在埃及大量发掘古墓。这些对于古罗马的城市及其日常生活环境的研究，对于新古典主义是一个巨大的推动，同时，对于地中海古文明地区的考古研究，也对于 20 世纪初期的欧洲发展有着深刻的影响。在这个角度看，墨索里尼只是在这些成就的基础上延续了这些工作，但是其政治的目的性更加明确。

　　如果说这种基于考古学的方式，是作为政治舆论的工具，但它毕竟是一种符号式的。而建筑学却可以作为一种必要的形而下的工具，而凸现其重要性。

　　19 世纪末，新材料和新技术的普遍应用，给建筑界带来前所未有的革命。钢铁、混凝土、玻璃的广泛应用，使建筑师对于传统的纪念性、装饰、静止、稳定等都产生了质疑。20 世纪初期，带有共产主义倾向的现代主义运动遍及整个欧洲大陆。而对于处在领导地位的资产阶级而言，带着保守和向后看的倾向，抵制这种带有革命性、布尔什维克（bolshevik）精神的运动。特别是意大利法西斯，打着神圣古罗马复兴的旗号，要求必须通过建立传统与现代的联系，证明民族历史与文化的连续性。因此，这种政治上的保守观点经常与建筑联系在一起，表达过往传统的永恒与不朽。在纳粹德国，基于新纪念性的古典主义建筑迎合了第三帝国的意识形态，成为官方建筑形态；而包豪斯（Bauhause）所代表的新建筑，被认为是倾向共产主义阵营而遭到放逐。

　　德国这种源于排外的、种族主义理论的姿态，并没有影响到意大利，意大利将立足于本国传统的民族主义作为共识。正是这种选择，使文化艺术与意识形态取得了一种表面上的"双赢"态势。法西斯主义需要像未来主义这样影响力巨大的先锋运动的依附。同时，未来主义对民族主义和战争美学的歌颂也是法西斯主义所认同的，但是其反对历史的连续性以及反传统的做法是与法西斯相左的。这直接导致了马里内蒂的"美学化的法西

图 3-16 皮亚岑蒂尼设计的新古典
主义风格的战争纪念碑，1928

图 3-17 皮亚岑蒂尼设计的新古典主义风格城市规划，
1927-1932

斯主义"与墨索里尼的"官方法西斯主义"的不同。这个时期意大利国内所产生的其他先锋派则更多地将重点放在了如何在传统与现代之间建立联系。这其中就包括了"九百派"、"七人小组"等，他们积极地向法西斯政治靠拢，将其视为自身革命的指导。这种对于政治的无干涉性，使得这些先锋运动区别于未来主义而得到法西斯官方的认可，没有遭到像包豪斯那样的驱逐。也正是因为这样，使得理性主义建筑能够在意大利得以巩固和进一步发展。就像曼弗雷多·塔夫里（Manfredo Tafuri, 1935-1997）所说，法西斯政权在给予那些宣扬法西斯主义民族使命的工程以优先权，同时也很实际地给现代主义建筑师或学院派建筑师甚至是折中主义建筑师分配各种任务。[1]

尽管皮亚岑蒂尼控制了意大利尤其是罗马的建设（图 3-16，图 3-17），但是任何一方都没有像阿尔伯特·斯皮尔（Albert Speer）[2]之于希特勒那样明确地赢得墨索里尼的支持。意大利建筑也在"理性主义"和"传统主义"之间徘徊。由此产生了一些西方学者对于这段时期的文化评论，认为法西斯主义和墨索里尼本人，既没有完成一个文化的革命也没有完全对学院派表示文化认同，是一个犹豫不决、优柔寡断的发展时期。

帕西科后来对于意大利建筑发展方向的批判也表达了类似的观点：

意大利已经错过了一个世纪的历史，并且不得不为他们落后和狂妄自大的民族性格的影响而付出代价。在法西斯的统治下，将不可能重新获得时间。新的建筑学，如果不包含真正的社会意识形态，将不可避免地变

[1] 出自 [意] 曼弗雷多·塔夫里，弗朗切斯科·达尔科著. 现代建筑. 刘先觉等译. 北京：中国建筑工业出版社，2000：255.

[2] 阿尔伯特·斯皮尔（Albert Speer）是希特勒的御用新古典主义风格的建筑师。

得腐朽落伍，走向学院派的道路。[1]

　　由此我们可以看出未来主义对于法西斯的重要意义在于为其描绘了一幅乌托邦式的蓝图，成为法西斯自身政治宣传最好的工具。而墨索里尼提倡的考古学则是为法西斯政治寻找历史根源，贴上古罗马的标签。因此，两者共同成为当时法西斯宣传与形象的标志。

　　如果把 1928 年视为是意大利理性主义建筑的一个分水岭，那么 1936 年同样可以被看作是一个重要的里程碑。1936 年对于法西斯主义的意大利来说非常重要，这一年，在入侵埃塞俄比亚战争结束之后，墨索里尼宣布了"新罗马帝国"的到来。

　　以 1936 年为时间点，可以将前后划分成为两个阶段。一个是从 1932 年到 1936 年，也就是从法西斯政党庆祝夺取政权 10 周年到 1936 年这段时间；另一个就是从 1936 年开始到第二次世界大战爆发这段时期。前者，法西斯主义政治还处于一种摇摆不定的时期，一方面开展了大规模的建设活动，另一方面则迟迟未能对民族主义建筑形式产生定论。这也就产生了像特拉尼设计的科莫法西斯党部大楼这样抽象地表达意识形态的载体和皮亚岑蒂尼设计的罗马大学这样的新古典主义建筑。这段时期，先锋派特别是理性主义者们更多地处于自由创作阶段。而在侵略战争之后，意大利走上了独裁的道路，同时也受到了国际同盟的严厉制裁。因此在这段时间，意大利只能自己应对。这种从原来所宣称的"民主主义"迅速转向独裁统治，也给建筑师们带来了挑战。对于这种转化，一些人就重新采用了新古典主义或者更加传统的形式；而另一些人，例如特拉尼，则继续坚持探索现代主义的道路。但是从法西斯政权的倾向性以及后来历史的评价看，作为民族主义体现的法西斯公共建筑更多地体现出了新古典主义的倾向。就像舒马赫评论的：

　　　　独裁是否改变了意大利建筑的趋向，这一点是无法断言的。因为在 1936 年之前意大利建成的建筑就与其他北欧国家的建筑是不同的，而在此之后的建筑，又受到了其他一些因素的影响。[2]

---

[1]　出自 [英] 尼古拉斯·佩夫斯纳等编著 . 反理性主义者和理性主义者 . 邓敬等译 . 北京：中国建筑工业出版社，2003：119.

[2]　出自 [美] Thomas L. Schumacher. Surface & Symbol: Giuseppe Terragni and the Architecture of Italian Rationalism. New York: Princeton Architectural Press, 1991：31.

图 3-18 米凯卢奇设计的佛罗伦萨火车站，1936

　　最为重要的 4 个国家级设计竞赛就是从这段时期全面展开的，所有
这些最终完成的建筑，为意大利当时的公共建筑所具有的敏感与类型提
供了一份很好的证据和清单。它们是：1933 年佛罗伦萨火车站竞赛（the
Florence Railway Station competition）（图 3-18）；1933-1934 年罗马的四
座邮局竞赛（the four Rome Post Office competitions）；1934 年和 1937
年罗马的法西斯宫竞赛（the Palazzo Littorio competition in Rome）；1937
年在罗马开展的为 1942 年世界博览会（简称 E42）规划的建筑群体项目
竞赛（the collective competitions for various buildings at E42）。特拉尼
和他的设计小组没有参加佛罗伦萨火车站和罗马邮局的竞赛，只参加了
另外两个。他为 1934 年法西斯宫竞赛的第一阶段提交了两个方案，其中
的方案 A 获奖并且进入 1937 年竞赛的第二阶段；另一个项目是 1937 年
为 E42 设计的议会中心（the Palazzo dei Congressi e dei Ricevimenti for
E42），也赢得了竞赛的二等奖，他们的第一个方案同样进入了第二阶段。

　　以 1936 年作为分界线可以将这段时期的建筑事件分为两部分。即
1936 年之前的科莫法西斯党部大楼（1932-1936）、法西斯革命 10 周年
展览（1932）、罗马大学（1932-1935）、佛罗伦萨火车站竞赛（1933）、
罗马邮局竞赛（1933-1934）、法西斯宫第一阶段竞赛（1934）；1936 年
之后的法西斯宫第二阶段竞赛（1937）、E42 议会中心竞赛（1937-1938）、
但丁纪念堂设计（1938）、里索内法西斯党部大楼（1938-1939）。

　　法西斯国家意识形态在意大利的建立是以 1932 年在罗马开幕的
法西斯革命 10 周年展览（the Tenth Anniversary Exhibit of the Fascist
Revolution）为标志的。这是特拉尼对于民族主义以及意识形态表达的第
一个委托项目——一个宣传性的室内装饰设计。整个展览都散发着一种视
觉的冲击力（图 3-19），表达出当时的建筑师们对新意识形态的赞颂与期

图 3-19 法西斯革命 10 周年展览宣传，
1932

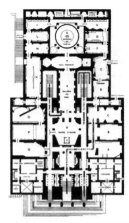

图 3-20 法西斯革命 10 周年展览展馆平面图，
1932

待。

　　这个展览在罗马国家大道（Via Nazionale）的展览厅（Palazzo delle Esposizioni）举办（图 3-20），这座建筑是皮亚岑蒂尼的父亲在 19 世纪末设计的。这次展览最突出的是里贝拉为展览设计的临时入口立面（图 3-21）。几个独立的房间按照年代和不同的事件展示，从法西斯政党的建立开始。特拉尼接到的委托是代表"1922 年，墨索里尼进军罗马并且夺取政权"的"O"房间。特拉尼在这个室内设计中采用了拼贴蒙太奇照片为主和文本为辅的共同建构方式（图 3-22），这种拼贴不仅是表象上的事件或者图像的拼贴，而且也是"九百派"、未来主义、立体主义以及苏联先锋派的影响的一种混合。这些体现出当时特拉尼的思想受到了这些运动的影响。

　　"O"房间设计了一系列凹入的壁龛，特拉尼在这些动态而不均匀的壁龛中放入了法西斯运动的照片（图 3-23）。这些照片是当时的一些纪实摄影，而充满房间的蒙太奇图像则是以工业主题为主，表达了时代的主题以及其中所暗喻的革命性。特拉尼运用了现代摄影技术与立体主义和未来主义风格进行了透明的交叠，形成一系列图像表达了在现代设计手法下政治舞台的效果。这种运用图像表达的方式，早在古罗马时期就是以连续的浅浮雕故事板的方式记叙，从而表达相应的纪念性（图 3-24）。斜墙的插入和弧线的运用使得空间里充满动态，形成一种特定的内在的序列性，引导观众以一种类似于 1922 年 10 月法西斯党向罗马进军时的狂暴在房间

图 3-21 里贝拉设计的展览馆临时入口立面，1932

图 3-22 特拉尼 "O" 房间室内拼贴一，1932

图 3-23 特拉尼 "O" 房间室内拼贴二，1932

中行进（图 3-25）。在此，图像语言只是作为一种意识形态的表达，而相关的建筑问题则隐藏在这个表达后面。特拉尼在这个项目中主要体现了符号、文本与图像的控制力。

特拉尼在这个设计中体现的是一种抽象的、凌驾于建筑之上的视觉传达，或者说是表面信息的阅读。与同时期的"圣伊利亚"纪念碑一样，都是作为一种象征性的图像存在。特别是在这个设计中，与前文介绍的纪念物不同，这里体现出的是一种空间中动态的营造，而这种反静止和固定的表达，明显是受到未来主义的深刻影响。从另一个角度来说，也可以认为未来主义本身所具有的革命性与煽动性是与当时法西斯政权的需求相符合的。

当时展览的设计中，除了里贝拉，还有马塞洛·尼佐利（Marcello Nizzoli）[1] 设计的以"1919 年创建法西斯同盟"为主题的"G"房间（图 3-26）和马里奥·西罗尼（Mario Sironi）[2] 设计的"为进军罗马而牺牲的英雄"为主题的"P"房间（图 3-27），它们与特拉尼的方案在现代性和整体效果上相似。虽然当时特拉尼深受各种先锋派思想的影响，但是从他们的作品来看，特拉尼的设计相对更加抽象，与其他人相比，他没有采用法西斯主义特有的标志形象，而是通过相关事件的拼贴体现法西斯的主题。这个作

[1] 马塞洛·尼佐利（Marcello Nizzoli）：身为画家、设计师和建筑师，在科莫法西斯党部大楼中与特拉尼合作。——作者注

[2] 马里奥·西罗尼（Mario Sironi）：是"九百派"的画家，在法西斯宫设计竞赛和但丁纪念堂中与特拉尼合作。

图 3-24 特拉尼 "O" 房间室内拼贴三，1932

图 3-26 尼佐利设计的 "G" 房间室内，1932

图 3-25 特拉尼 "O" 房间室内拼贴四，1932

图 3-27 西罗尼设计的 "P" 房间室内，1932

品，看上去更像是一个平面或者说图形设计，而不是一个建筑设计。而这种蒙太奇式的拼贴方法在特拉尼的建筑设计中经常出现，特别是体现在对于历史或者文脉的思考中，而这种拼贴所援引图像，又大多是传统 "先例" 的影响或是历史事件的叙述。这种手法在特拉尼后期的设计中也一直有所体现。

　　20 世纪 30 年代中期的意大利，法西斯政权已经进入全面控制的时期，法西斯之塔成为意大利建筑的重要象征。法西斯之塔的原型就是在意大利的各个城市都有的钟塔或者钟楼（图 3-28）。钟塔和束棒一样成为墨索里尼为首的法西斯们所利用的对象，并且成为代表法西斯的符号之一。不同的是束棒成为法西斯象征的徽标，而钟塔则成了法西斯公共建筑的标志（图 3-29）。法西斯之塔与钟楼并没有什么两样，只是在高于基座的部分增加了给元首演讲所布置的出挑的平台。

　　特拉尼与其他建筑师一样在思考这个形式，其实最早的关于法西斯之塔的思考出现在科莫法西斯党部大楼。在一系列特拉尼的草图中可以看到关于正立面转角部分的塔的思考，从较早方案中巨大垂直性的塔的形象，到塔逐渐后退，逐渐变小、消失，最终抽象化为一个立面右侧的空白的垂直墙体。迪亚尼·吉尔阿多（Diane Ghirardo）将其称之为一个 "退化的塔"（Vestigial tower）。需要强调的是，在这个时期（1932-1936），特拉尼正处于 "国际主义" 和 "理性主义" 之间徘徊的阶段，受到了来自苏联的构成主义以及荷兰风格派的强烈冲击。特拉尼在这段时间里设计的科莫法

图 3-28 被法西斯借用的意大利城市的钟塔

图 3-29 抽象的法西斯之塔方案，1933

西斯党部大楼是一个现代主义的杰出作品，是特拉尼走向理性主义的一个转折点。科莫法西斯党部大楼给予法西斯政权一个透明玻璃盒子的象征性意义，但是在形式上则完全不是法西斯政党要求的建筑。[1] 同样的情况也出现在了 1934 年法西斯宫竞赛第一阶段的方案中。特拉尼为这个竞赛提交了两个不同的方案，也体现出当时特拉尼对于建筑风格的犹豫不定。

　　法西斯宫作为一个国家建筑，潜在的含义是民族主义，因此它要能够表达意大利传统文化和法西斯主义的双重主题。1933 年末，政府选择了在新近落成的帝国大道（Via dell'Impero）一侧，面对着马克辛提乌斯巴西利卡（Basilica of Maxentius），在古罗马斗兽场（Colosseum）和威尼斯广场（the Piazza Venezia）之间的一块三角形基地作为建筑用地，周边环境非常复杂。帝国大道是墨索里尼重建新罗马的一个重要增建项目，于 1932 年完成，它连接了古罗马最重要的历史遗迹斗兽场和象征权力的威尼斯广场，那里有现代意大利的象征——维克托·伊曼纽尔纪念碑[2] 以及临时的墨索里尼权力之位（Seat of power）（图 3-30）。帝国大道的修建与在罗马周边挖掘历史遗迹一样，都是墨索里尼试图与古罗马帝国建立联系的方式。因此，这条大道既是一种考古学意义上的重建，又是新法西

---

[1]　这里所指的法西斯式建筑，是以在 1936 年独裁统治之后所倾向的法西斯式建筑为标准的。——作者注。

[2]　维克托·伊曼纽尔（Victor Emmanuel）是意大利的第一位国王，即意大利革命胜利的象征。伊曼纽尔三世在位时期，在 1922 年 10 月 30 日邀请右翼政客墨索里尼以及他所领导的法西斯党组成政府。最终被法西斯夺权。

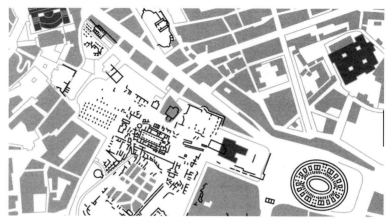

图 3-30 法西斯宫第一阶段竞赛基地与周边环境图，1934

斯主义帝国的标志。这个宏伟的帝国大道覆盖了很多古代帝国的广场，而形成了一个对于共和国广场的城市界限，这也是从古代以来第一次将马克辛提乌斯巴西利卡从碎石的堆砌中完全解放出来。在这些建设完成之后，就需要一个建筑学的表达，特别是如何在这样的历史"废墟"（The Antiquities of Rome）中插入一个"现代"的建筑。当然，巴西利卡在整个竞赛过程中是一个非常重要的形式和符号。

皮亚岑蒂尼撰写了竞赛的大纲，要求所有参赛者的设计要以保证方案中建筑物的形体高度低于伊曼纽尔纪念碑的高度来和巴西利卡发生关联。而这个对于高度的限制的另一个潜在含义就是对于法西斯之塔的暗示。

这个竞赛看重的不是空间的表达，而是一种强烈的对于适合这个基地的建筑类型和形式的要求。就像当时关于这个建筑的争论提到：

> 在帝国大道中，我们必须小心行走。因为在这里历经了全部罗马的文明……

另一种来自于反理性主义的声音认为：

> 我们不能将佛罗伦萨火车站放在帝国大道上……我们一致认为：法西斯宫应该是一个精神上的"公众使用"的"纪念性建筑"；它是一个纪念性建筑，一个仪式；它要表达一种观念；随着时间的变化，它必须永

图 3-31 帕兰蒂设计的法西斯宫方案，1934

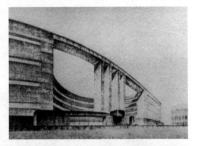

图 3-32 萨莫纳设计的法西斯宫方案，1934

图 3-33 里贝拉设计的法西斯宫方案，1934

远表达一个真实的风格。它是我们历史的一个观念。因此，法西斯宫……必须拒绝"理性主义"的工业和商业的形式。[1]

作为竞赛的结果，法西斯宫竞赛方案中反映出了一种区分传统与现代的风格，古罗马的和国际主义的，这些方案都表达了那个时期关于意大利建筑的民族性的思考。当然，更多的是体现了一种政治宣传的作用，因而形象的意义与象征性远远大于空间组织。就像参与竞赛的其他建筑师一样，出现了很多法西斯主义的象征性符号。例如，马里奥・帕兰蒂（Mario Palanti）的方案（图 3-31），明确表现为一座船形的建筑；朱塞普・萨莫纳（Giuseppe Samona）、里贝拉和 BBPR 小组的设计看上去都比较抽象和现代（图 3-32~ 图 3-34）。大部分的方案都带有明显的法西斯之塔的表述。从这个竞赛也可以看出，在 1936 年之前，法西斯主义者们的确对于基于民族主义的建筑更多地是出于形式的考虑，同时对具体形式的选择又

---

[1]　出自 [美] Thomas L. Schumacher. Surface & Symbol: Giuseppe Terragni and the Architecture of Italian Rationalism. New York: Princeton Architectural Press, 1991：176. 作者自译。

图 3-34 BBPR 设计的法西斯官方案，1934

图 3-35 特拉尼设计的法西斯官方案一模型，1934

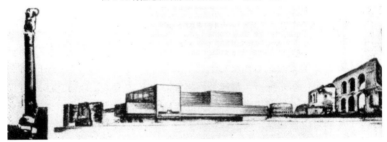

图 3-36 特拉尼设计的法西斯官方案二与场地结合的拼贴图，1934

是模糊的，因此不断地在传统与现代之间徘徊。

特拉尼和他的合作者们也深入地研究了文化指示，他们认为一个理性主义的建筑既可以成功地表达象征性的含义，同时也可以表达现代性。这种自信似乎一方面建立在对于现代主义的执着，另一方面，则更多的是来源于同期设计科莫法西斯大厦的过程中对于象征性和现代性的思考。这种想法被精心地表达在两个不同的方案中（图 3-35，图 3-36）。

在方案一中，特拉尼解释他们的意图是基于一种考古学规划手段的指导，在这个基地创造一种纯粹的形式，采用了矩形和圆形。他们选择了一个基本的地图包括了在现代背景下的遗迹。他们是这次竞赛中唯一运用拼贴式的设计方法进行工作的参赛者。这种方法可以追溯到特拉尼的第一个设计竞赛项目：科莫一战烈士纪念碑竞赛（1926），这种蒙太奇式的手法

图 3-37 特拉尼的法西斯宫方案一中的墨索里尼讲坛草图，
1934

图 3-38 特拉尼绘制的墨索里尼演讲时
的蓝图，1934

是特拉尼处理历史环境与文脉的主要手段。在这张地图上，特拉尼小组拼贴了环境地段的鸟瞰图和两幅古代建筑的插图：一张是在迈锡尼文明时期在泰林斯（Tyrins）的宫殿，另一张是在菲莱岛的伊希斯古埃及时代的神庙以及古罗马的遗迹。泰林斯用来说明在一个充满多种元素的复杂的规划中，需要一个主题来统一，那就是网格墙。这与方案中法西斯宫巨大的立面控制整体的概念一致（图 3-37）。菲莱岛的神庙包括了巨大的塔形墙，穿过它人们可以达到庇护所。在法西斯宫方案中表达了墨索里尼可以穿过巨大的墙体，面对公众发表演讲（图 3-38）。方案一中面对帝国大道的立面就是这个巨大的、长达 80m 的斑岩墙体。它的高度比对面的巴西利卡略低，面对帝国大道，两者产生了一种呼应。塔夫里评论这道墙说：

> 这道 80m 长的斑岩形成了一个界线、一个大堤、一座大坝……穿过马克辛提乌斯巴西利卡实体中的半圆形后殿，与其呼应的是法西斯宫的弧形的"大坝"，重要的是它成为一个分离开的独立部分。[1]

这道巨大的墙体在中间被截断，出挑了一个平台，平台上设置了墨索里尼讲坛，使墨索里尼能够以巨大的墙体为背景开展他的演讲。从传统建

---

[1] 出自 [美] Thomas L. Schumacher. Surface & Symbol: Giuseppe Terragni and the Architecture of Italian Rationalism. New York: Princeton Architectural Press, 1991：180. 作者自译。

图 3-40 特拉尼设计的法西斯宫方案一正立面图，1934

图 3-39 斯坦奇尼墓室
里的十字架，1930

图 3-41 特拉尼设计的法西斯宫方案二正立面图，1934

筑的视点看，这是一种通过中心基准线的建立而产生一种对称的纪念性，同时也是对建筑正立面的强调；从象征性的角度看，正是由于墨索里尼讲坛的位置而产生了一个关于虚空的法西斯之塔的暗喻，似乎是源自于特拉尼早期设计的一个墓室中的十字架的形态（图 3-39）。这可以看作是法西斯之塔撕开了传统的纪念性立面而建立了自身的核心地位，既表达了一种革命性，同时也是对于法西斯的符号——实体法西斯之塔——的一种挑战和隐喻。这个处理与在科莫法西斯党部大楼中抽象地表达法西斯之塔的方式不同，可以看到在那个时期特拉尼对于法西斯之塔的深入思考和不同尝试。

在方案二中这个法西斯之塔表达得相对清晰，是建立在超长的低水平立面（或者说是基座）上的垂直部分。这里运用了厚重的墙体来抽象地表达法西斯之塔，塔背后连接的是一系列透明空间，有些像科莫法西斯党部大楼中的表达。

就像在纪念碑设计中的思考，除了法西斯之塔的垂直性，在两个方案中特拉尼同样体现出基于水平性的表达（图 3-40，图 3-41）。这要追溯到 19 世纪末，钢筋混凝土的广泛应用，给建筑界带来前所未有的冲击。新材料、新结构甚至美学标准都发生了革命性的变化，从而引发了 20 世纪初欧洲关于装饰的论战。对那个时期意大利来说，钢筋混凝土运用最为

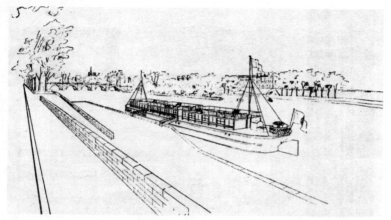

图 3-42 勒·柯布西耶设计的救世军飘浮庇护所（巴黎），
1929

活跃的时期就在 20 世纪 30 年代。[1] 未来主义、新古典主义、理性主义和
"九百派"都支持混凝土，特拉尼同样经历了这个过程。但他没有刻意地
追随混凝土美学，而是将钢筋混凝土技术上的突破应用于建筑设计。

对于钢筋混凝土，我们重点要强调的就是"悬挑"。新技术的运用使
得水平性成为新纪念性的表现形式。特别是传统的在水平基座上的垂直性
所表达的纪念性，受到技术上的"悬挑"导致的视觉上漂浮感所带来的冲
击。漂浮的概念，一方面是源于对机器的崇拜，就像勒·柯布西耶在《走
向新建筑》中对于轮船和飞机的赞美（图 3-42），这种"机器美学"的影
响直接导致了对建筑的"轻"和移动性的探索，同时也是一种象征性的表
达；另一方面是源于未来主义的影响，他们曾经提倡道路应该离开地面直
接进入到建筑中等。这种对传统一刀两断式的决裂态度，使未来主义者们
采用了轻、直线、速度、透明等概念来建立他们新的纪念性。这些都是
对于传统的纪念性的庄严、沉重、稳定带来的颠覆性挑战。但是，无论是
传统的纪念性还是新的纪念性，都是采用不同的手段使得建筑体在环境中
相对孤立，从而产生自身的纪念性。

虽然未来主义并没有对于当下的意大利建筑产生直接的影响，但是这
种大尺度的水平性无疑是对于轻、直线的一种潜在的呼应。在特拉尼的法

---

[1] 这里我们要提到 1936 年，是由于对埃塞俄比亚的侵略战争，墨索里尼推出了国际联盟，意大利因此受到
了同盟国严厉的原材料禁运制裁，因此钢筋混凝土的使用就受到了很大的限制。

西斯宫第一阶段竞赛的两个方案中，都体现了这种水平性。

　　方案一中的水平性体现在了正立面的"漂浮"墙体。斑岩作为墙体材料本身具有双重的含义：据说在中世纪，是代表击退邪恶的精神；同时又具有符号含义，帕提农神庙就是由这种产自埃及采石场的材料建造的，这就与辉煌的古埃及和古希腊文明建立了潜在的联系。在不超过马克辛提乌斯巴西利卡的高度的情况下，大尺度的水平性更加容易突出基准线，从而强调了以墨索里尼讲坛为中心的对称性。而这道墙体本身微微内凹，从而围合了前面的广场。广场上同样有一座拥有大台基的讲坛。这种后退不仅使得斑岩墙体成为广场的背景，也对于周围的历史遗迹表现出了尊重。

　　另一种关于弧线墙体的解释是来自于对拼贴图的阅读。在特拉尼的方案中，有一张插图是引用了雅典的帕提农神庙的正立面图示，显示了古希腊人是如何通过调整"水平和垂直的线"而进行边缘的视觉校正。而这个立面设计中采用了这种校正方法，从下方仰视立面的最上边缘，会感觉到是直线，而不是凹面。这种手法的借用，实际上是对于传统设计手法的回归。因为对帕提农神庙而言，是一种视觉变形的校正，而在文艺复兴之后，经典透视学的建立与广泛接受，这种视觉校正已经不再是严谨的、科学的方法。

　　水平内凹的弧线墙体，形成了对正立面与帝国大道之间的空间的限定。使法西斯宫立面的形式像在圣彼得广场中贝尼尼设计的臂膀般的柱廊那样，环抱着忠实的信徒。从而体现了法西斯主义者对于官方法西斯建筑的原初要求：

　　　　只要是官方的法西斯建筑，就必须要有一座塔，以及一个集会的场所。[1]

　　这道墙的"漂浮"是依靠了一个大胆的结构设计，整个墙体是由两个钢悬臂在上方连接悬挂起来的，整个墙体没有落地。由于透视学原理钢悬臂在地面视点是看不到的，形成了视觉上的一道80m的漂浮石墙。塔夫里描述道：

---

[1] 出自 [德] 汉诺－沃尔特·克鲁夫特著.建筑理论史——从维特鲁维到现在.王贵祥译.北京：中国建筑工业出版社，2005：310.

一道墙，更确切地说，不仅仅是一道墙，而是一道从地面挂起的墙。这是不能从下面看到的，钢架的基础支撑着两个巨大的构架，隐藏在平面图的缝隙中，就形成了一个看似不可能的悬浮之墙。[1]

这种设计手法一方面体现了特拉尼对于摆脱经典静力学的一种尝试，试图通过这种手法来探讨现代性与技术的力量，也是对于传统的纪念性的一种颠覆。这种尝试的源泉也许是来自于未来主义描绘的乌托邦图像；另一方面，墙面混合了非理性的透视校正法与经典透视学原理所带来的结构隐匿，这就使得在场的立面阅读产生了模糊性。这种模糊性，也是特拉尼在设计中追求的一种表达方式。墙体表面的线条图形是来自于重力模型光测弹性学试验的结果，也就是悬臂受力图的抽象表达。虽然这种图像看似只是一种装饰，但是它却暗示了隐匿在透视学视野之后的结构体系，成为立面阅读的线索。对于结构逻辑的清晰性的表达正是现代主义的主要目标。这种钢缆与斑岩结合的力的美学表达，似乎是法西斯完美的符号象征。

而布鲁诺·塞维对于这道墙有着不同的看法，他认为：

在法西斯宫的方案一中，这道巨大的斑岩墙有 80m 长，可以暗示一种修辞学的纪念性的尝试；但是这个立面稍微弯成弧形，失去了它的稳定性，而且中间的开口打断了它的连续性，为的是允许墨索里尼神坛向外突出。好像这样还不够，墙体还是悬浮的，就好像从根本上否认了任何的稳定性，似乎有更深一层的含义，这个手法切断了与罗马的任何联系。……这些都表达了一种脆弱性和不连续性……[2]

塞维的这种关于脆弱性和不连续性的说法，并不是出于纪念性和现代性的角度，而是暗示了一种对于政治的讽刺。笔者认为这种表达，恰恰反映出未来主义的观念对于特拉尼的影响。

方案二的形式是与方案一完全不同的，但是它同样是出于一种传统与现代的风格之间的思考。与方案一相比，这个方案更加特拉尼式，平面和体量关系、简洁的组织方式以及透明的表达都汇集了那个时期他的风格特点。有一些类似特拉尼早期的煤气厂方案（Officina per la Produzione del

---

[1] 出自 [美] Thomas L. Schumacher. Surface & Symbol: Giuseppe Terragni and the Architecture of Italian Rationalism. New York: Princeton Architectural Press, 1991：176. 作者自译。

[2] 出自 [意] Bruno Zevi. Giuseppe Terragni. London: Triangle Architectural Publish, 1989：15. 作者自译。

图 3-43 法西斯宫方案二模型体现出的水平性，1934

图 3-44 法西斯宫方案二墨索
里尼讲坛草图，1934

Gas），明显地体现出与包豪斯校舍的某种联系。

一道垂直的巨大的墙体的纪念性与巨大的水平悬挑形成了对比（图3-43）。而且最核心的墨索里尼讲坛出现在水平与垂直的交接处，完成了视觉中心与权力中心的合一（图3-44）。这种表现手法非常像密斯在巴塞罗那馆中对于水平台基的纪念性的运用，特拉尼在后来的罗伯特·萨法蒂墓（Monument and Tomb for Roberto Sarfatti）设计中就体现出类似巴塞罗那馆那样的纪念性——在大台基上放置纪念物这一最原初的含义。在方案中，特拉尼解释说这道墙是对于罗马的黑色大理石（Lapis Niger）[1] 的隐喻。他认为，一个帝国的复兴必须要有一个新的、现代方式表达的老标志，这种认识与特拉尼对于传统和现代结合的民族主义建筑探索是一致的。

皮亚岑蒂尼曾经认为只有传统建筑中宫廷建筑的正立面才有表达崇高的垂直性的必要。而特拉尼在这个项目中所采用的是将垂直的元素埋入水平元素中，由此将水平和垂直都在正立面中表达出来。特拉尼在方案二中表达的悬挑，不是简单的水平性，是用现代的材料钢铁和混凝土构成的技术手段的表达；垂直性并没有用沉重的金字塔般的构造或是纪念碑式的男性象征来完成，而是一个轻盈的玻璃盒子。这些似乎都体现了特拉尼以现代的手法对传统的、古典的概念进行重新诠释。

除了这些概念上对于传统的思考与运用，特拉尼还在法西斯宫方案一

---

[1] 黑色大理石（Lapis Niger）是罗马著名的黑石，可能是一个行奉献礼的祭坛，时间也属公元前6世纪初。

中援引了一系列的古代建筑的拼贴图像来解释他们的对于历史法则和概念的独特运用。特拉尼用文字阐释了在方案一中与这些古代建筑特殊的比例、结构以及几何学的联系。对于这些插图,特拉尼采用的是类似勒·柯布西耶在《走向新建筑》中所运用的表达方法。通过对这些历史建筑或者图像的解读,寻找其中潜在的逻辑关系,文字说明阐释了这些古代建筑"先例"中包含的纪念性和协调性。特拉尼认为,如果能理解其中潜在的法则,它们就可以完成一种现代风格的表达。

这些插图分别是:古罗马和古埃及纪念物与神庙的拼贴、雅典卫城、巴洛克大楼梯、帕提农神庙的立面和古罗马的拱顶、古罗马剧场的平面图。而对于这些插图的阐释,都体现在了方案一的设计中。就像大卫·贝尔（David Bell）的评论:

> 方案一是一个空间的拼贴,不是一个任何时期传统的感觉。所有他们在为构成一个核心的建筑体而建立重要联系的不同片断的尝试并不令人信服。与科莫法西斯党部大楼不同,这是一个拒绝转化处理的固执表达。[1]

而笔者认为这并不是一种对于历史片断或空间的拼贴,而是特拉尼处理传统老城典型地段一贯采用的蒙太奇式的考古学方法,是符合法西斯主义从古罗马帝国"寻根"的要求的。也许正是出于在罗马大规模的废墟考古的原因,促使法西斯政府选择了这样一个遗迹环绕的地段。特拉尼对于这些历史"先例"的引用,更多地是寻找其内在的逻辑与法则,这是特拉尼转化运用的基础。

在古罗马和古埃及纪念物与神庙的插图（图3-45）中,特拉尼解释为:"矩形和圆形相连接的实例,是圆柱体和立方体的叠加,这个概念渗透到了三维空间。"这就涉及了古罗马神龛（Sacrario）的形式。而对于古埃及神庙的解释为:"要经过一个走廊才能够到达墓室,是在进行一种精神上的准备。"这些解读表达了特拉尼对于空间形式和体量关系的思考。这些都在方案一中得到了很好的体现:从元首讲坛经历了一道长长的走廊进入到在正方形基座上的圆柱体量的圣堂,这种线性的空间序列体现了传统的仪式性。而圆柱体的圣堂也与矩形体量相脱离,形成平面上的视觉中心。

---

[1] 出自 [美] Thomas L. Schumacher. Surface & Symbol: Giuseppe Terragni and the Architecture of Italian Rationalism. New York: Princeton Architectural Press, 1991 : 183. 作者自译。

图 3-45 特拉尼援引的古埃及纪念物的先例

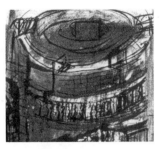

图 3-46 特拉尼绘制的法西斯宫方案一
中圣堂的草图，1934

图 3-47 特拉尼绘制的法西斯宫方案二
中圣堂的草图，1934

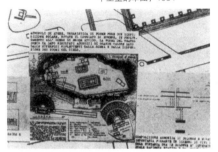

图 3-48 特拉尼援引的雅典卫城的先例

圣堂的形体构成，直接呼应了古代宗教场所的图示。从圣堂的草图中，室内空间呈螺旋形上升，充满了向上的力量和动态，对于传统的圣堂空间的静止性与崇高性做出了极大挑战（图 3-46，图 3-47）。这种螺旋形也是后来特拉尼设计中重要的特征之一。

　　古罗马拱顶图阐明了古代的结构。它的空间等级源于《罗马书》中的创造"水平的建筑并且消除一切对于平面中心的干扰"。在特拉尼的方案中采用了一个垂直性的空间置入一个水平的体量中，明确地表达了空间等级。

　　对雅典卫城（图 3-48，图 3-49）的解读是关于场所的："根据太阳方位来决定城市化的形式，要注意神庙和山门（Propylaea）之间的关系。"这似乎是特拉尼在暗示方案一的平面位置关系是由周边因素决定的。从平面图中我们可以清晰地看出，特拉尼是围绕图拉真（Trajan）的古罗马议会的轴线方向排列建筑，试图与原有的文脉（网格）发生叠加。而对于古罗马斗兽场而言，法西斯宫和马克辛提乌斯巴西利卡是以帝国大道为轴线而相互对称的。而这层隐含的轴线关系，在没有总图的情况下，几乎不能被

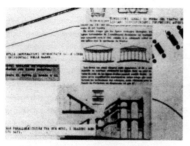
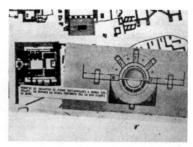

图 3-49 特拉尼援引的帕提农神庙的先例　　　　图 3-50 特拉尼援引的古罗马剧场的先例

察觉。这也似乎在呼应雅典卫城空间组织潜在的逻辑性。

　　古罗马剧场插图（图 3-50）的标题是，"古罗马剧场的标准条件"。在方案中元首讲坛后方基地边缘的办公空间（Sala dei 1000）遵循了古罗马剧场的空间形态，打破了集中的办公室形式，创造了一个简单的功能区，并且以水平延伸的方式与基地和历史网格发生关系。同时，也形成了前后体量几乎平行的层级关系。

　　对于巴洛克楼梯的解释是："在两道平行的墙体之间的楼梯，非常的高。"这早已在纪念碑的设计中成为特拉尼纪念性表达的符号。对特拉尼的这些从传统而来的思考与运用，舒马赫解释说：

　　　　这是源自于在佩斯图姆（Paestum）的波塞冬神殿的例子，在这座建筑中通过巨大的踏步台基形成了纪念性的尺度。特拉尼给它的标题是"意大利的建筑"。[1]

　　实际上在法西斯政权时期，关于古罗马、古希腊、甚至古埃及的建筑主题和思想的关联遍及意大利建筑。这个关于海的主题表达了对面向大海的罗马城的隐喻，[2] 看上去同时满足了法西斯政权的宣传与考古的双重要求。

　　最终的方案一显示了"建筑以分散的体量与要求相适应"（图 3-51，图 3-52）的思想，并很好地与周边的复杂环境融合在一起。并且，整体采用线性的空间序列，突出了帝国大道的宏伟和重要性。

---

[1]　出自 [美] Thomas L. Schumacher. Surface & Symbol: Giuseppe Terragni and the Architecture of Italian Rationalism. New York: Princeton Architectural Press, 1991：185. 作者自译。

[2]　泰伯河流经罗马城，这被看作是古罗马的源头。

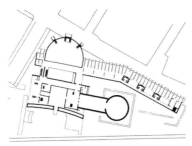

图 3-51 特拉尼设计的法西斯宫方案—平面图，
1934

图 3-52 特拉尼设计的法西斯宫方案—模型，
1934

　　对于方案二，特拉尼认为比方案一更为现代，虽然在功能布局上与方案一如出一辙，但是它体现出一种虚实空间的对比。特别是在水平与垂直体量的结合，体现为在水平实体上的虚空（图 3-53，图 3-54）。西武奇（Ciucci）评论说：

　　　　这个玻璃盒子里装入的是"法西斯革命的圣地"……使得法西斯宫的心脏透明，就像在科莫法西斯党部大楼中一样；这两个方案都在强烈地暗示人们，这是非同寻常的透明性（是法西斯主义的透明）的符号。[1]

　　这两个方案之间既有差异，又很多重要的相似之处。两个方案都采用了理想化的悬挑结构，而且两者的分布组织方式是一样的。在同一时期建筑师不太可能提交两个截然不同的方案，因此，更重要的是发现它们之间的关联：在两个方案中都表现出了对巴西利卡的呼应：方案一中是微微凹进的弧线，而方案二中是一个突出的垂直墙体；两个方案中，墨索里尼讲坛都占据了相同的重要位置，办公部分也都在建筑体量的后部：方案一将其布置为直线形，而方案二则用了折线形。
　　在这两个方案中，特拉尼进一步增加了适合法西斯政权的纪念性、符号性的暗示，而且给了政权一个选择方案一或者方案二的机会，这两个方案的差异可以被看作是关于民族主义建筑的思考的：

　　　　方案一是将一个环境的主要特征集中在这里，进行灵活的和适度的

---

[1]　出自 [美] Thomas L. Schumacher. Surface & Symbol: Giuseppe Terragni and the Architecture of Italian Rationalism. New York: Princeton Architectural Press, 1991：186. 作者自译。

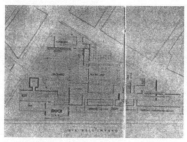

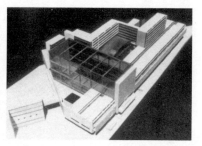

图 3-53 特拉尼设计的法西斯宫方案二平面图，
1934

图 3-54 特拉尼设计的法西斯宫方案二模型，
1934

解释，留给另一个方案的是处理更高一层的现代性的任务，它提供给我们将权力和思想结合在一起的可能性。[1]

对特拉尼而言，这两个方案都表现出对勒·柯布西耶理论的支持：要设计一个古典的建筑，但是看上去不是希腊或者罗马式的，而是基于这些传统和古典的基本概念生成的。同时，特拉尼的这种做法也体现出当时他对于民族主义形式的不确定性。

这两个设计都对场地与历史文脉作了充分的探讨，从而选择了水平性的表达方式，这与特拉尼早期的纪念碑设计的出发点完全一致。

1932~1936 年设计并建成的科莫法西斯党部大楼，是特拉尼最为著名的建筑。随着这座建筑的建成，特拉尼受到了欧洲乃至全世界的广泛关注。甚至在 68 年后，这座建筑仍然是人们谈论的焦点（图 3-55）。就像霍尔评论说：

> 时至今日，再看朱塞普·特拉尼的科莫法西斯党部大楼，68 年的时间间隔，使这座建筑今天的面貌和落成典礼时明显不同。看看 1936 年 5 月 7 日科莫的报纸上头版发表的一张旧照片，超过一万人在场庆祝征服埃塞俄比亚以及"新罗马帝国"的建立。表现出了法西斯政府在第二次世界大战之前蒸蒸日上的力量，这个激进的建筑首先承载了它的政治意义。[2]

这座被奉为经典的建筑作品不但是现代主义建筑的代表，而且是第一

[1] 出自 [美] Thomas L. Schumacher. Surface & Symbol: Giuseppe Terragni and the Architecture of Italian Rationalism. New York: Princeton Architectural Press, 1991：182. 作者自译。

[2] 出自 [美] Steven Holl. Domus 867: Terragni's Game, 68 years later. Domus, 2004：17. 作者自译。

图 3-55 68 年后再看特拉尼设计的科莫法西斯党部大楼，1932-1936

座承载法西斯意识形态的现代建筑。

　　第一座代表法西斯的公共建筑采用现代主义的形式，本身也折射出了当时法西斯政权对于民族主义建筑风格的摇摆与选择。在 1932 年开幕的法西斯革命 10 周年展览中，就一直在争论二者的民族性的问题，但是没有结果。而最终在科莫法西斯党部大楼选择的方向上，或许是因为 1931 年在罗马进行的第二次理性主义建筑展览中，理性主义建筑师们所极力表达出的为法西斯政权效忠的意愿以及墨索里尼的认同，使得这座建筑成为可能。

　　1932 年，特拉尼接到法西斯政党的委托项目——科莫的法西斯党部大楼设计。这个时间、这个项目都有着重要的意义。它的出现，距离在罗马进行的理性主义建筑展（1931）仅仅不到一年的时间；同年，在罗马又开幕了纪念法西斯革命 10 周年展览。可以说，这座建筑既是对法西斯革命 10 周年的纪念而催生出的产物，又是法西斯政党全面发展的标志。这座建筑于 1936 年落成，这一年，意大利法西斯赢得了入侵埃塞俄比亚战争的胜利，并且在这个基础上，墨索里尼在新落成的科莫法西斯党部大楼上，宣布了"第三帝国"的到来。因此，这座建筑不仅仅在意大利历史上起到了里程碑式的意义，同时还继续承载着与特拉尼早期的纪念碑设计同样的纪念性。

　　这个项目位于科莫市，并且由科莫市政府提供用地。最初的基地只有 700m²，后来经过调整，面积上有了一定的增加，达到了 1101m²。来自于政党省部的要求是："空间要满足省联邦政府、法西斯党以及俱乐部等的需要。建筑可以更加现代一些,但是不要含有夸张的尝试,那样太冒险,要和资金计划相适应。"这个要求看似是政党对于现代主义建筑的支持,同时似乎又在暗示特拉尼可以比早些建成的新科莫公寓[1]更加现代。特拉尼认为:

> 建筑的主题是新的。任何具有典型特征的建筑都是不行的,我们必须修建一座新的建筑物,并且体现法西斯主义是绝对全新的事物。[2]

根据特拉尼最初的设想,他希望它能够是一个水平性为主体的空间序列。然而,最终面积问题使特拉尼不得不重新思考。因此,特拉尼首先作的决定就是要占满整个基地。他采用了正方形这个基本的几何形作为平面的控制,这个决定在不同阶段的方案中几乎没有发生过变化。场地处在科莫市比较敏感的位置,在科莫主教堂广场(Duomo Piazza)的另一端。新的建筑要与中世纪的大教堂(图 3-56)遥相呼应,一边是意大利传统城市的中心大教堂,另一边是法西斯的政治中心。实际上,特拉尼面对的不仅仅是一座大教堂。在科莫市,以主教堂为中心,从北向南,依次排列着布洛勒托宫、科莫主教堂、费德莱教堂(S. Fedele Church)和维多利亚门塔(Torre di Porta Vittoria),这些不同时期历史遗迹形成了科莫市中心的一条庄重的轴线。最终的法西斯党部大楼的正面几乎就平行于这条轴线(图 3-57)。同时,特拉尼还参照了古罗马城镇的传统布局:地中海周围的罗马城镇的一个共同点是其规划都采用古罗马军营的模式[3](图 3-58)。因此对于特拉尼而言,关于城市的思考实际上是将古罗马的传统网格和科莫的城市肌理叠加而形成的。这一点很大程度上决定了法西斯党部大楼的位置和朝向。

[1] 新科莫公寓是特拉尼于 1927~1929 年在科莫建成的一座公寓,详见第四章第一节。

[2] 出自 [美] Peter Eisenman. Giuseppe Terragni Transformations Decompositions Critiques. The Monacelli Press, 2003:261. 作者自译。

[3] 无论罗马军队在何处建一个长期营地,即"卡斯特卢姆"(Castrum),其布局都是使用同一个标准,即有两条主街呈十字交叉。现代学者把罗马的测量术语运用到城镇规划中,把较短的南北走向的街叫作"卡尔多"(Cardo),较长的东西走向的街叫"德库曼努斯"(Decumanus)。与两条主街相互平行走向的还有其他几条稍窄的街道,这样就构成了一个道路网。许多罗马的城市一直发展到中世纪,有些直至现在仍然兴旺繁荣。比如佛罗伦萨,就与科莫的状况有些类似。特拉尼的这种对于城市传统布局的思考似乎可以追溯到他第一次参军时对于古罗马兵营的印象和 1926 年第一次去罗马旅行时对传统建筑的临摹。

图 3-57 科莫新老城地图（局部）

图 3-56 科莫主教堂现状

图 3-58 以奥斯蒂亚军营为例示意
"卡尔多"与"德库曼努斯"

最开始看到这座建筑时，我就有一个疑问：特拉尼是如何从一种乌托邦式的法西斯蓝图的思考中转化成这样一座看上去充满构成主义味道的现代建筑呢？或者说，科莫法西斯党部大楼的出现似乎与先前特拉尼的设计或者场地周边的历史"先例"产生了一种断裂感。特别是从整个法西斯大厦的设计和建造全过程来看，从 1932 年政府的委托到 1933 年 7 月开工建设再到 1936 年 5 月的落成典礼，这样的一个周期，就使得这个问题更加突出。

然而，从艾森曼的研究所展示的资料中可以看出，从 1932 年特拉尼接到委托，到 1932 年 12 月的最终实施方案，不到一年的时间里，特拉尼一共探讨了 5 个方案（或者说是在方案进展过程中的 5 个阶段）。从这些草图中，就可以看出它们与最终方案的联系以及设计中内在的转化关系。

前期方案的资料大多是立面图。根据艾森曼的分析分为方案一至五。每一个方案都有一个正立面和一个侧立面。大体上可以得出的结论是，这几个方案都遵循了占满基地的原则，采用了正方形的平面，其中大多数体现出了一些文艺复兴建筑风格的影响，尤其是罗马的威尼斯宫（Venice Palace）立面的影响。但是所有立面中都没有显示出最终方案的立面中严格 1：2 高宽比的关系。

在方案一的立面图（图 3-59，图 3-60）中，是一个传统风格的三层立面图。清晰的三段式强调了正立面，并且采用了一半外露壁柱，强调了正立面的垂直性。同时，低矮的四坡屋顶和建筑转角的处理，特别是立面

图 3-59 科莫法西斯党部大楼前期方案一
广场立面，1932

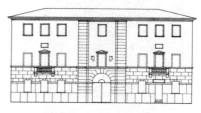

图 3-60 科莫法西斯党部大楼前期方案一
入口立面，1932

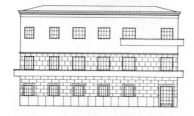

图 3-61 科莫法西斯党部大楼前期方案三
广场立面，1932

图 3-62 科莫法西斯党部大楼前期方案三
入口立面，1932

中央突出的阳台部分，反映了威尼斯宫的主要特征。因此，我们可以推测出阳台立面是面对帝国广场[1]的。而这一点说明了建筑物的主入口并非在面对教堂的一侧，而是在面对西北侧的佩西纳大街（via Pessina）。这就是说，对特拉尼而言，侧面入口在当时也是一种选择。因此，可以认为最终方案中出现的面对广场的宏伟的出入口，更多地是出于一种仪式性上的考虑。

方案三的立面（图 3-61，图 3-62）看上去与方案一非常相似。相比之下，窗户的尺寸变大了，并且正立面的壁柱取消了，导致垂直性的弱化，三段式的表达也不是那么强烈，也许这就是一个从垂直性向水平性转化的信号。同时，在这组立面中出现了贯穿立面的水平突出的阳台，还在建筑转角部分进行了延伸。它的出现一方面打破了正立面的对称性，同时也是对于传统建筑转角处理手法的颠覆，使得正立面和侧立面发生视觉上与空间上的延续。这也是特拉尼在新科莫公寓和邮政旅馆（Albergo Posta）的方案设计中采用的手法。这个阳台应该也是面对着帝国广场，与方案一

[1] 帝国广场（Empire Piazza）：即原来的大教堂广场——作者注。

图 3-63 科莫法西斯党部大楼前期方案四广场立面，
1932

图 3-64 科莫法西斯党部大楼前期方案四入口立面，
1932

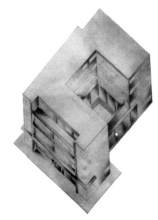

图 3-65 科莫法西斯党部大楼前期方案五
轴测图，1932

相似。

　　方案四这组立面（图 3-63，图 3-64）的特征是在侧立面上出现带形窗这样的现代元素。同时，在立面窗户的组合上，采取不同尺寸的窗并列排在一起形成网格。整体上看，传统的三段式几乎已经消失，而水平性变得更加突出。同时，与方案三一样，有一个侧面的水平的阳台，也表达了特拉尼对于主入口位置与广场关系同样的思考。

　　另一张只有轴测图的方案五（图 3-65），似乎发展了方案四中立面的想法。各个立面几乎都采用了带形窗，特别是对于建筑转角处窗户的处理，表达了相邻立面关系的延续，也是对古典建筑中采用的沉重的实体转角处理的挑战。并且从这张轴测图中，我们可以看出更多的现代主义特征：将原有的完整实体空间挖空，形成一个 C 形体量，围合出的院落面对着帝国广场。可以看出，这个阶段特拉尼仍旧是以西北侧临街立面为入口立面。但是已经可以看到他对新建筑与帝国广场如何建立空间上的联系展开了进一步的思考。底层围绕庭院的柱廊以及面对广场的立面，似乎在暗示建筑物有向框架结构发展的趋势。同时，这个方案中，建筑物采用了平屋顶，立面上带形的走廊（也是阳台）决定了虚实关系，并且强调了入口立面。这些都是在现代建筑中出现的元素。虽然在空间组织与形式上，这个方案与最终的实施方案还有较大的差异，但是这里出现的思想大部分都出现在了最终的法西斯党部大楼方案中。

　　因此，从上述几个早期的方案中可以看出，特拉尼几乎都是以一种回

图 3-66 科莫法西斯党部大楼前期方案二
一层平面，1932

图 3-68 科莫法西斯党部大楼前期方案二侧立面，
1932

图 3-67 科莫法西斯党部大楼前期方案二
二层平面，1932

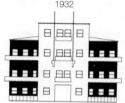

图 3-69 科莫法西斯党部大楼前期方案二广场立面，
1932

避两者主入口相对的方式来表达对大教堂的尊重。

方案二是这些草图中唯一含有平面图（图 3-66，图 3-67）的。虽然从立面图（图 3-68，图 3-69）上看，这个方案与最终方案大相径庭，但是从平面图中读出的信息，却与最终方案有很多相似之处。首先，从立面图和平面图中的主次入口的位置分布可以判断建筑的主入口是面对着帝国广场的。这一点，不仅将它与上述的 4 个方案区分开来，更重要的是它具有了和最终方案比较的基础和前提。

方案二的立面中，窗和墙的关系并没有什么变化。正立面以中部的突出和升高，体现了一个明显的垂直性与三段式意图，并且打破了原有几何形体量。同时阳台是突出的，与中间部分在同一平面上。突出的中部和阳台在图中表示为白色，原有的体量则是黑色。看上去就像是从原有的体量中拔出来的一样，似乎是用整个平面的突出来强调正面性。这种体量的变化像是帕拉蒂奥式的建筑法则的应用——帕拉蒂奥的别墅中经常采用突出的柱廊和中部高起的三角山花强调三段式，同时又像是对法西斯之塔的表达。整个立面中所体现出的黑白对比的关系，也是一种虚实关系的暗示，阳台水平突出，它所限定虚空的垂直面，与后面黑色的实体限定的建筑表面，形成了两个层的叠加。阳台在建筑转角处的延伸，似乎也在暗示立面水平性与相邻立面的联系。

平面图中体现了文艺复兴时期宫廷建筑的布局：围绕中庭空间组织（图 3-70）。图中可以看出整体以承重墙结构为主，而最终的方案则是梁柱的

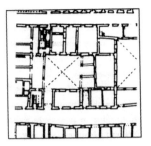

图 3-70 特拉尼援引的科莫传统建筑平面空间组织

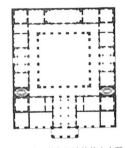

图 3-71 帕拉蒂奥设计的蒂内府邸，
1542-1558

框架体系。这两个方案的平面看起来与帕拉蒂奥设计的蒂内府邸（Thiene Palace）（图 3-71）非常相似。在平面布局中，楼梯是不对称的，并且布局比较自由，但都是围绕着中庭分布的。从首层平面图可以看到，除了主入口，在一侧还有两个小入口，这些应该都是功能上的需要，靠后的一个入口应该是退伍军人俱乐部，因为它只连同了一小部分独立空间，这些空间并不与其他的部分相连通。而稍微靠前的入口应该是作为建筑物的次入口，可以直接到达中庭。最终的方案中，也同样是 3 个入口，其功能基本上与这个方案相似。

如果我们沿平面图正方形的对角线划分，就能清晰地看出，作为公共空间的中庭与主次入口处于西侧和北侧，这个可以看作是水平的交通空间；而垂直的交通空间基本上集中在建筑南侧和东侧，这样的流线划分，保证了办公区的私密性。同样，我们也可以理解成为是这个方案中的空间层级划分：公众的与官方的。这一点与传统的文艺复兴时期的宫廷建筑不同。从中我们可以看到特拉尼试图用这种螺旋形的流线方式来组织空间序列。

通过前面几个初期方案设计的介绍，我们似乎可以看到特拉尼的设计思想中与新科莫公寓或煤气厂方案的些许关联。特别是这几个方案之间体现出的形式上的转化过程，使得最终的方案并不显得是一种思路上的跳跃。1932 年 12 月最终的法西斯党部大楼方案更加抽象、复杂，并且承载了法西斯精神的象征性，体现出严格的现代主义建筑风格。

作为第一座法西斯主义的公共建筑，法西斯党部大楼试图表达墨索里尼所阐释的概念——法西斯是一个一切都能被看到的玻璃盒子，就像委托者对于法西斯党部大楼遵循的原则和外形的一些特殊要求：

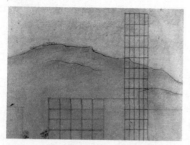

图 3-72 方案后期关于法西斯之塔的研究过程一，1933

图 3-73 方案后期关于法西斯之塔的研究过程二，1933

　　一个宽敞的、位于中心的大空间，办公室、会议室以及入口都可以看到它。但是我们也要考虑当集会的时候，大批的法西斯主义者和公众们一起进入到这个大空间的可能性。我们还应该取消每一个影响室内和室外之间连续性的隔断，满足元首对聆听者们的讲话能够在室内大厅和室外广场同时被集会的公众听到的可能性……[1]

　　因此，特拉尼认为这样一座建筑要体现出没有障碍的空间组织，在元首与公众之间没有隔阂，要让人们能够看到党部大楼里面发生的一切。这是与传统的皇家宫廷、兵营、堡垒以及银行等建筑完全不同的。

　　最终的方案体现了特拉尼擅长的数学和几何学控制的思想。平面图是精确的正方形，而建筑的高度是边长的 1/2，即整个体量是一个半立方体。与方案二不同，最终方案采用严格的柱网来控制建筑空间布局。我们可以由分析图看到它是如何由一个匀质的柱网转化而来（图 3-72，图 3-73），而这个作为原型的匀质柱网则是与文艺复兴时期的宫廷建筑空间相似，入口立面柱间距的加大可以认为是与帕拉蒂奥式建筑的正立面柱廊相似，而侧面的柱网变化，实际上是对于流线的界定。以中庭为核心空间四周环绕着各类房间。虽然这种传统布局的思想体现在设计中，但是每一层都根据新建筑需要进行了一定的变化，因此，这座建筑的四层空间布局都不一样。

　　一层平面（图 3-74）形成了纵向的实—虚—实的关系。中庭空间从建筑正面的主入口一直延续到背面的次入口，最大化了这个公共交流的平台。平时进入建筑的入口设在电动门的右边，需要绕一下才能进入。这种

---

[1]　出自 [美] Peter Eisenman. Giuseppe Terragni Transformations Decompositions Critiques. The Monacelli Press，2003：265. 作者自译。

图 3-74 科莫法西斯党部大楼最终方案
一层平面，1933

图 3-75 科莫法西斯党部大楼最终方案
二层平面，1933

布局也体现了科莫当地传统建筑的平面布局以及入口方式。从这个入口进入室内，自然地进入到变化的柱网所限定的流线空间里。主楼梯位于流线的右侧，面对着另一边的烈士纪念壁龛，旁边是一部电梯；次楼梯则位于流线空间的末端，正对着入口，旁边是一部小电梯。与方案二中的三部楼梯不同，这里减到了两部，并且这两部楼梯与柱网一起，形成了一个十字形。事实上，这个十字形就暗示了整个建筑中的主流线。两个次入口与方案二不同，都设在了背立面，似乎是为了使建筑整体贯通。一个是为了北侧的退伍军人沙龙服务的，另一个则放置在次楼梯旁。

　　二层（图 3-75）是这座建筑中最重要的，元首的房间就设在这一层。这一层表达了清晰的空间等级关系。首先，由两部楼梯确定的十字形空间构成了主要的流线，而电梯面对的走廊是另一条通路。因此，围绕着中庭我们可以看到，主楼梯、辅助楼梯、电梯依次限定了三条走廊，并且宽度也逐级递减。实际上，空间也是根据这个等级分布的。宽走廊连接着主楼梯和面对广场的元首房间，其他的走廊连接着不同的办公室。在这个 C 形流线和空间序列的末端，是一个大会议室。当然，元首是可以从侧门直接进入的。

　　三层（图 3-76）的空间是围绕着中庭上方的露天内庭院布局的。中庭的玻璃砖天花成为庭院的地面。与二层相同，同样的流线决定了办公空间的分布序列。

　　四层（图 3-77）与一层相似，实体空间只分布在两边。除了中庭，前后各有一个平台，使得柱网框架暴露出来，在立面上暗示了中庭的存在。这一层的流线在形态上与一层一致，但是主楼梯并没有通达到这一层，只能通过次楼梯或电梯到达，似乎是在暗示这一层功能上的次要性。确实，左上角是守门人的房间，应该是整个建筑中等级最低的空间。

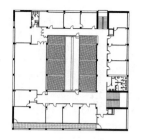

图 3-76 科莫法西斯党部大楼最终方案
三层平面，1933

图 3-77 科莫法西斯党部大楼最终方案
四层平面，1933

我们可以看到，不仅是在每一层，空间按照等级高低从左下到左上环绕分布，而且如果我们以一层的烈士壁龛作为纪念性的核心，那么整体空间等级高低是以从左下到左上三维的方式排列，也就是以逆时针螺旋上升的方式组织空间。这种螺旋式的空间序列与后来的但丁纪念堂非常相似。

对于这么重要的一座集纪念性和象征性于一身的国家建筑，特拉尼并没有采用传统的突出正立面的方式，而是对建筑的立面作了深入的研究，使建筑物的 4 个立面都不相同。从而传达了通过立面阅读建筑内部空间的信号。

作为主入口的西南立面（图 3-78），打破了传统纪念性建筑正立面的对称性原则。采用了虚实对比的手法。框架结构体系暴露在表面，就像在暗示传统入口的柱廊空间。实际上，立面是根据框架结构平均地分成了 7 部分，主入口占据了中央的三部分，右侧的实体和左侧的阳台各占两部分，这实际上也是在暗示三段式的存在。这种立面上的虚实关系与三段式的双重阅读，是特拉尼作品中重要的特点。在 1933 年湖边别墅与 1939 年的朱里亚尼 - 弗里杰里奥公寓中，都采用了这种模糊的阅读。另外，如同前文所述，这个角部的实体，似乎在表现一座抽象的法西斯之塔。特别是立面中后退虚空的部分，就是元首办公室的阳台，最终它作为了元首发言的讲坛。在这座建筑中，法西斯之塔、元首讲坛以及集会广场都是以抽象的方式得到了表达，这就在需求上满足了法西斯政权的要求。顶层的框架向内部延伸，是在暗示内部庭院的存在。特拉尼希望通过这样的方式，建立立面与内部空间之间的联系。

西北立面（图 3-79）作为面对佩西纳大街的一侧，同样体现出了精心的控制。从立面中，很容易读出实 - 虚 - 实的三段式表达。中间占据 3 个开间的虚空部分像是对于主入口立面中央部分的再现。同样地表达出后

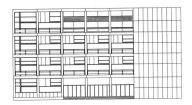

图 3-78 科莫法西斯党部大楼最终方案
西南立面，1933

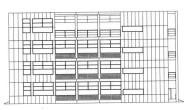

图 3-79 科莫法西斯党部大楼最终方案
西北立面，1933

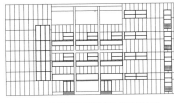

图 3-80 科莫法西斯党部大楼最终方案
东北立面，1933

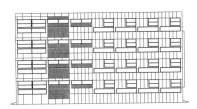

图 3-81 科莫法西斯党部大楼最终方案
东南立面，1933

退阳台的虚空和暴露框架结构对中庭的暗示。特别是立面右侧的那排垂直的小洞，是表达了入口立面后退的走廊空间。同时，这种手法的运用，使这两个相邻立面发生了形式上的联系，表达了两个立面连续性的阅读。

东北立面（图 3-80），作为建筑背立面的同时还作为建筑次入口的立面。这个立面看上去和西北立面一样，明显地表达了同样的实 - 虚 - 实的关系。同样，在中间的虚空部分中，两个次入口以立面中线为轴对称分布。立面的中间部分并没有设置后退的阳台，但是整个立面微微向内凹陷，使得框架体系暴露在立面上，就像是浅浮雕一样的表达。无论如何，这种微小的后退使得立面的控制网格清晰地浮现。在顶部，独立的框架与前两个立面相同，仍然暗示着中庭的存在。立面左侧的实体部分，有一道巨大的纵向突出的窗，窗的内侧是垂直交通核，这样人们可以在立面中阅读出建筑内部空间的联系。在立面的最右端，仍然有一排垂直的窗洞。这应该还是对于西北和西南立面开洞形式的呼应。这样就可以看到，在这 3 个立面中，中间部分的虚空与角部的垂直窗洞反复出现，建立了 3 个立面之间的联系，形成从主入口立面到佩西纳大街立面再到建筑背立面连续性的阅读。

这种立面的连续性似乎在东南立面（图 3-81）中消失了。东南立面看上去似乎比另外三个立面要显得现代一些。因为除了整齐的窗洞所暗示

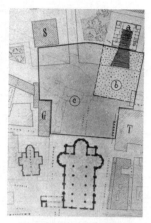 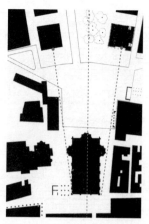

图 3-82 科莫法西斯党部大楼 与主教堂广场的空间关系　　图 3-83 未实现的科莫法西斯党部大楼 与主教堂的轴线关系

出的结构网格以外，并不能从这个立面中读出更多的古典法则。但是，我们也必须意识到，这个立面是最真实的内部空间的表达，并没有任何阅读的模糊性。

因此，特拉尼在这组立面设计中似乎采用了三加一的逻辑。在他晚期的朱里亚尼-弗里杰里奥公寓设计中，也同样表达了这样的想法。另一个有趣的地方是，在法西斯党部大楼的内部空间序列中体现了一个逆时针螺旋上升的序列，而在立面的表达中，则表达了一个顺时针连续性的阅读，似乎这个矛盾体现了特拉尼的一个小把戏，造成从立面阅读空间时的"误读"。

最终方案中，建筑的入口立面面对着科莫主教堂的东立面，并与之形成夹角。在总图的设计中，特拉尼曾经试图以主教堂的长轴为中心线，在法西斯党部大楼的对面建造一座镜像的相同体量的建筑，从而完成对主教堂轴线的对称性（图 3-82，图 3-83）。比较其他的方案，这种想法似乎是源于特拉尼选择建筑的主入口面对帝国广场，新建筑将不可避免地与主教堂发生对话。因此，采取人为地制造轴线的方式表达对主教堂历史地位的尊重。虽然这种做法是可以解释的，但是现在看来不免显得有些稚嫩。而在罗马帝国大道一侧的法西斯宫与但丁纪念堂方案中，特拉尼都是采用与遗迹巴西利卡的侧墙发生镜像关系从而突出从古罗马竞技场到威尼斯广场的轴线关系。后者明显地采用了考古学的方法，因而比前者运用得更为合理。但是对特拉尼而言，在科莫的这种做法有着更深一层的含义。特

图 3-84 科莫法西斯党部大楼与城市肌理关系，2004

　　拉尼不仅是一个法西斯主义者，同时也是一位虔诚的天主教教徒。因此，这种新老建筑上的对立，对于他来说更像是两种信仰的对话。特拉尼希望通过这种方式使党部大楼与主教堂发生关系，从而表达天主教和法西斯主义和平共处的愿望。这个新建立的轴线似乎就成为了天主教和法西斯主义之间联系的桥梁。但是，最终这个想法并没有实现。

　　特拉尼选择了新建筑与主教堂进行面对面的对话，目的是为了营造一个庄严的仪式。这是来自于法西斯公共建筑对民众集会广场的需求，是一个历史延续下来的崇高仪式。因此，在周边用地如此紧张的情况下，分享教堂广场就成了唯一的选择。

　　特拉尼在建筑的底层采取了一组水平的玻璃电动门，打开之后，室内外便融为一体，极大地满足了法西斯主义者对政治集会空间的要求。很多人在初次看到这个项目的时候，会认为是源自于勒·柯布西耶的新建筑五原则，正面看上去像是底层架空的表达，用这种手法使得室内中庭和室外广场连通。而笔者认为这种手法是水平纪念性的体现。当电动门打开的时候，室内中庭作为一个平台与教堂广场衔接，建筑物是"放置"在这个平台之上的，既将元首与民众融合在一起，又通过这种方式体现了等级的划分。特拉尼的这个设计，更像是密斯在柏林国家美术馆中采用水平台基来表达纪念性。

　　从最终建筑建成时的鸟瞰照片中（图 3-84），我们可以看到：在一片传统的意大利老城的肌理中，一个抽象的灰白色大理石表面的方体坐落其

图 3-85 1936 年 5 月 7 日，墨索里尼在科莫法西斯党部大楼上宣布 " 第三帝国 " 的成立

中，表达了像古埃及的金字塔或是耶路撒冷的黑石那样纯粹的纪念性。特别是再联系起 1936 年 5 月 7 日在这里举行的那个盛大仪式的图像，我们就不得不为这座建筑所体现出的纪念性和象征性而赞叹。也许对于特拉尼，他在法西斯宫的竞赛中所描绘的那些法西斯主义者们在高墙下集会的蓝图，终于在这里成为了现实。而这幅集会图像（图 3-85）的震撼力量，远远地超过了建筑本身带来的冲击力。

　　从科莫法西斯党部大楼的设计中，可以看到特拉尼并没有对于文脉和传统采用拼贴式的分析方法。但是设计过程中，特拉尼始终都表现出从传统出发的思想，特别是在建筑中表现了文艺复兴时期建筑的影响。建筑的平面明显看出帕拉蒂奥对于特拉尼的影响，围绕中庭的紧凑型空间组织以及楼梯的布置方式等。明显的现代主义风格的立面是对古典立面法则（特别是三段式）的叠加，表现出双重阅读的模糊性。因此，从这个角度看，科莫法西斯党部大楼更像是一个以现代设计手法表现的古典主义建筑。

第三节　技术象征的公共建筑

　　新罗马帝国宣布成立之后，意大利首先遇到的困境就是来自国际同盟的制裁。对那些能够应用于战争的材料实行禁运。而这对于如火如荼地探索民族主义建筑的运动来说，无疑是一个巨大打击。因此，在这个时期，意大利再一次面临选择的境地。

　　当1937年特拉尼小组的方案进入到法西斯宫竞赛第二阶段时，竞赛的基地发生了变化，移到了古罗马竞技场南侧接近将来的E42议会中心的一块场地。这种做法对法西斯政权来说有扩大中世纪古罗马周边地区的趋势，宣告新罗马帝国的到来。"罗马面向大海"（Roma verso il Mare）作为政治宣传的口号广为流传。一个向周边拓展的手段，朝着政府认为正确的方向进行扩张。

　　在这个新的梯形的基地里，没有了原来基地周边的那些古罗马的历史遗迹，这对于特拉尼来说是一种解放，在接下来的设计中，他明显地是沿着第一阶段方案二的思路展开了进一步的研究（图3-86）。特拉尼在新基地中放置了一组平行的板式高层体量和一组与它们垂直的水平体量，两者相互连接并围合出了两个内庭院。从中我们可以看到，对于旧城的典型地段，特拉尼通常采用的是考古学式的拼贴手法，建筑是受到周边历史因素的限制和控制的。而在这样一个没有明显的历史与文脉表达的环境中，特拉尼采用的是一种完全的现代主义手法，建筑成为场地的核心，并且坚定地运用混凝土、钢和玻璃等新技术。这种建筑单体独立于环境的自我表现，更应该看作是国际主义式的（图3-87）。

　　特拉尼的方案，与第一阶段竞赛方案一样，仍旧表达出了强烈的象征性。有一点不同的是，这里出现了对垂直性的清晰表达，可以看到一座巨大的法西斯塔明显地出现在正立面。在塔后方平行排列的高层体量形成了它的背景，就像1934年方案一中那道水平的高墙一样。方案中强烈地表现了水平性与垂直性的对比，几乎对称的正立面向上抬升。特拉尼巧妙地将一些日常的空间放在后面，将核心的元首大厅和大会议室放在前面位于入口庭院处的主要空间（Piano nobile），由一个底层架空的U形体量围合。就像特拉尼在报告中提到的一样：

　　　　前面的劳度斯卡拉纳广场（Piazza Raudusculana）面对元首的房间，

图 3-86 特拉尼绘制的法西斯宫第二阶段方案入口透视图，1937

　　这是代表最高等级的空间，由古罗马而来的法西斯之塔、战争烈士祭坛和荣誉法庭等带有纪念性的空间，形成了一系列有组织的体量关系。[1]

　　超尺度的入口大楼梯带领参观者进入到元首大厅，经过荣誉法庭，人们可以看到 3 个大会议厅。法西斯之塔由一个天桥连接通向元首办公室。这个塔几乎可以说就是墨索里尼的阳台。这一系列的空间序列都是由水平路径来组织的。这个方案是一个把重要的宏伟空间与普通功能的空间排列组织在一起的复杂公共建筑。

　　从入口处的大楼梯以及水平与垂直性的强烈对比中，我们似乎可以看到民族复兴纪念碑的影子，明显地体现出在一个抬高的水平基座上的垂直纪念性的表达。

　　从整个方案看，几乎是一座用玻璃和钢表达的"透明"建筑。笔者并

---

[1]　出自 [美] Thomas L. Schumacher. Surface & Symbol: Giuseppe Terragni and the Architecture of Italian Rationalism. New York: Princeton Architectural Press, 1991：188. 作者自译。

图 3-87 特拉尼设计的法西斯宫第二阶段方案模型，1937

没有找到确凿的证据来解释为什么当时特拉尼没有过多地考虑国内面对缺乏钢和混凝土的困境，而执意表达出这样一幅技术象征的图像。但是两个客观的事实似乎可以帮助我们进行分析。一方面，也许是科莫法西斯党部大楼的成功，使特拉尼更加坚定了对现代主义探索的信心，从而选择了1934 年法西斯宫更为现代的方案二作为这个设计的基础。另一方面，如果我们参考一下同时期特拉尼做的其他建筑实践，会发现"圣伊利亚"幼儿园、园艺师比安奇别墅和比安卡别墅，都是非常成熟的现代主义建筑。因此，也许这个时期特拉尼试图以新的视角来看待传统与现代的关系以及民族主义建筑的表达。特别是从背立面看，几乎整座建筑就是一面由网格控制的玻璃幕墙（图 3-88）。

　　这个方案与特拉尼之前的设计相比，虽然出现了一些法西斯建筑的象征性符号（比如法西斯之塔），但是更多地是表达出特拉尼对于新技术以及机器美学的认同。同时，笔者也认为这个方案受到了勒·柯布西耶设计的莫斯科中央局大厦（图 3-89）的影响。

　　特拉尼参加的最后一个法西斯公共建筑竞赛是同年在罗马的 E42 议会中心竞赛（dei Congressi e dei Ricevimenti at E42）。这次竞赛的第一阶段，特拉尼和里贝拉共同获奖，而里贝拉最终赢得了第二阶段竞赛，并且建成了这座建筑。

　　这个项目坐落在古罗马竞技场南端的区域。因此，与法西斯宫第二阶段竞赛一样，特拉尼没有对于周边环境与历史文脉进行更多的考古学式的

图 3-88 特拉尼设计的法西斯宫第二阶段方案模型背立面，1937

研究，也是一个明显的现代主义建筑。这个方案似乎是科莫法西斯党部大楼在表面暴露框架网格思想的延伸，但是在初期方案中（图 3-90）又处处体现出后来的但丁纪念堂的影子。

在竞赛的第一阶段，特拉尼以主流的关于法西斯政治"透明"含义的解读几乎赢得了竞赛。建筑是一个简洁的矩形体量，在一侧的墙面布满浅浮雕，这些都令人想起科莫法西斯党部大楼的方案。这是特拉尼设计中最为极端的一个，他仍然使用钢和玻璃，并且在设计中，出现了大跨度空间和悬挑平台。特拉尼在 1939 年 7 月 18 日写给巴尔迪的信中不断重申自己的信仰：

> 我们不能像那些胆小鬼……我们要坚持在三泉地区（Tre Fontane Area）这片"死水"（Stagnant sea）中建造一座玻璃、钢和激情的岛屿（island）。[1]

这里所指的胆小鬼等似乎是在攻击那些原来站在理性主义一方，后来又受到皮亚岑蒂尼的召唤而倒向新古典主义的建筑师们。特拉尼的决定也得到了帕加诺的赞许，并且后者对于最终里贝拉的建成方案中表现出的新古典主义倾向进行了无情的批判。

特拉尼的坚持实际上是对于理性主义和现代建筑的执着。我们可以看到，这个建筑同样体现了勒·柯布西耶所提倡的"机器美学"（图 3-91）。

---

[1] 出自 [意] Bruno Zevi. Giuseppe Terragni. London: Triangle Architectural Publishing, London, 1989 : 150. 作者自译。

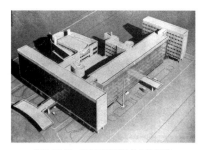

图 3-89 勒·柯布西耶设计的莫斯科的
中央局大厦模型，1928-1935

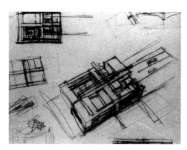

图 3-90 特拉尼绘制的 E42 议会中心早期草图，
1937

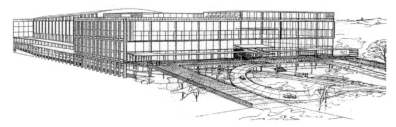

图 3-91 特拉尼绘制的 E42 议会中心入口透视图，1937

事实上，这是特拉尼为数不多的完全暴露结构美学的方案。同时，特拉尼给予空间和流线绝对的自由，体现了勒·柯布西耶散步建筑的思想对其的影响。

在第一阶段的初期草图中可以看出在一个矩形平面内，十字形的空间连接着会议厅和院落，这个与后来但丁纪念堂的平面布局非常相似。然而，随着方案的发展，这个十字形消失了。这个控制的取消从某种意义上可以说是特拉尼为了解放空间而做出的选择，也是对科莫法西斯党部大楼中流线控制的突破。从功能上看，这个方案只是做了简单的划分：一部大楼梯直接通向前厅，作为核心空间的巨大礼堂坐落在一侧，建筑的上层是一个与庭院连通的接待大厅。办公室与辅助用房都安排在等级较低的后部与侧面。一组巨大的环形车道在建筑的主入口前引导汽车通向地下层。

竞赛的第二阶段，特拉尼对于法西斯政权的意见给予了回应。他们坚持了最初的功能组织，平面上几乎没有什么改动，而对于立面有了较为明显的改变，创造了一个对古典主义法则的 A-B-A 节奏的表达（图 3-92）。对于特拉尼和他的合作者来说，第二轮方案在修辞学意义上更加宏伟和文雅，并且表达了特拉尼基于精确的节奏和结构美学的意图。

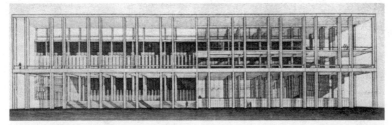

图 3-92 特拉尼绘制的 E42 议会中心方案正立面图，1937

图 3-93 特拉尼设计的 E42 议会中心模型，1937

　　这个方案中最大的变化就是核心空间的大礼堂，采用了椭圆形，突出了核心空间的等级。同时这些源自于柏拉图几何学的基本形体：正方形、圆形、矩形和椭圆形的组合，也是继法西斯宫第一阶段竞赛之后再次出现。这种几何形体的组合，是传统建筑中的重要构成元素（图 3-93）。

　　这次特拉尼并没有像第二阶段法西斯宫竞赛那样一味地追求象征性或技术美学。虽然这座建筑看上去对于当时的意大利而言仍然是一座钢与玻璃的技术乌托邦，但是特拉尼已经充分地考虑了钢铁和混凝土的匮乏所带来的种种困难。在这个设计中，特拉尼着重考虑了结构问题，并且自己设计了节点。特拉尼采用小尺度断面的钢筋混凝土框架，节省了稀缺材料，继而用国内充足的花岗岩来补充增加结构强度与稳定性。这个节点不仅体现了结构的可行性，同时还体现了象征传统纪念性的花岗岩。这个节点充分体现了特拉尼的智慧，从某种意义上说，这也是一种传统与现代的结合。

　　特拉尼在方案中坚持了"他追求的自由"，在这个形式之后潜藏的是特拉尼对于内容和符号的反抗。与最终建成的里贝拉的方案（图 3-94）相比，里贝拉的方案是一个有着均衡的节奏，并且由一个巨大的垂直体量控制的建筑。他所采用的多立克柱廊与顶部的作为形式符号的假拱券受到了理性主义者们的批判。然而，从里贝拉的建筑中，我们似乎可以看到，这个时期法西斯对于新古典主义的认可与回归。

图3-94 里贝拉设计并建成的E42议会中心，1937

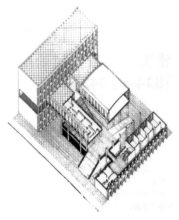

图3-96 菲利浦·约翰逊设计的纽约州立剧场，
1964

图3-95 卡塔尼奥设计的联合工会大厦，
1938-1943

　　虽然特拉尼的方案并没有成为现实，但是它仍然是一座精彩的作品，并且对后人产生了或多或少的影响。在后来建成的科莫法西斯联合工会大厦（Fascist Union of Workers building，1938-1943）（图3-95）的立面和空间布局中，都与法西斯议会大厦有着重要的联系。一些战后的建筑师的作品，诸如菲利普·约翰逊（Fillipo Johnson）设计的林肯中心纽约州立剧场（图3-96）和奥斯卡·尼迈耶（Oscar Niemeyer）设计的世界博览会巴西馆，都体现了这个建筑在立面和自由空间上的影响。特拉尼的设计，对于20世纪60年代的建筑师们尝试现代主义手法的纪念性有着重要的意义。

第四节　回归到原点的公共建筑

　　第二次世界大战爆发之前，特拉尼在罗马设计的最后一座法西斯公共建筑，就是众所周知的但丁纪念堂（The Danteum）。这个被誉为是20世纪最伟大的"未建成"建筑，与科莫法西斯党部大楼一样，成为了特拉尼的标志。

　　1938年，身为米兰皇家贝雷拉学院的总管兼律师的里诺·瓦尔达梅里（Rino Valdameri，1889-1943），向意大利政府提出建造一个但丁

图 3-97 特拉尼绘制的但丁纪念堂水彩表现图一，1938

图 3-98 特拉尼绘制的但丁纪念堂水彩表现图二，1938

（Dante）中心和博物馆的提议。这座被称之为但丁纪念堂的建筑，将建在意大利的政治中心罗马，来纪念"这位最伟大的意大利诗人"。这个项目计划在 1942 年的博览会时完成。

　　瓦尔达梅里得到了一位叫做阿历山德罗·波斯（Count Alessandro Poss）的米兰工业家的资助，捐助了 200 万里拉来建造这座建筑。同时，在 1938 年 10 月，但丁纪念堂的设计也开始进行。同年的 11 月 11 日，瓦尔达梅里、波斯和建筑师特拉尼和林格里，聚在罗马的威尼斯宫，向元首墨索里尼汇报。特拉尼绘制了精确的 1 ：100 的水彩图纸（图 3-97，图 3-98）。马里奥·西罗尼设计的立面浅浮雕的炭笔草图和图像被拼贴在图纸（图 3-99）中。并且特拉尼为墨索里尼起草了一份《但丁纪念堂的报告书》（Relazione sul Danteum）。项目很快得到了批准，建筑师们继续深入了方案，并着手制作了一个模型。然而不久之后，这个项目就陷入了困境。1939 年春天，委托人和建筑师们没有能够得到机会再次向元首汇报。同年夏天，整个欧洲陷入了第二次世界大战，他们再一次联系政府，当时墨索里尼的法西斯政权刚刚和纳粹德国签署了"钢铁同盟"（Pact of Steel），正积极地准备投入到战争中。最终，在 9 月初，希特勒入侵波兰

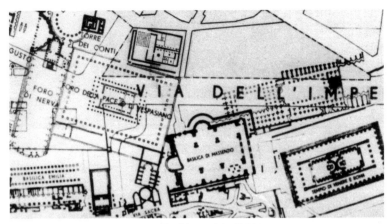

图 3-99 特拉尼绘制的但丁纪念堂环境分析，1938

之后，政府决定搁置这个项目，直到可能到来的"有利的时期"。

　　事实上，但丁纪念堂的初衷是源于墨索里尼对于但丁文学的尊崇。墨索里尼认为这是他的创造源泉，因此他宣称但丁为伟大的帝国诗人。同时，也是为了给学生们建一座研究但丁的图书馆，并且在意大利国内外弘扬但丁精神。墨索里尼给予但丁作品如此高的地位，将其作为在大萧条时期的意大利的象征，是利用但丁对意大利的政治预言以及他描绘出的生动的帝国画面，作为意大利法西斯政权扩张政策的理由。在这一点上，就与科莫的法西斯党部大楼相似，都是源自于一种形而上的意识形态的宣传。但丁作为意大利的一个政治意愿的象征，但丁纪念堂就像一座民族纪念碑，用来歌颂国家意识形态。

　　但丁纪念堂的基地在帝国大道的一侧（就是法西斯宫第一阶段竞赛的基地中的一部分），这符合墨索里尼对于古罗马文明考古学的重视，特拉尼认为这是作为一个"但丁的伟大的预言实现"的最佳场所。对于特拉尼来说，但丁纪念堂包括了远古和中世纪的文化。特拉尼充分地表达出了但丁纪念堂作为纪念性和象征性建筑的含义：一座在比例、体量和尺度上成熟的、可靠的、彻底的现代建筑。

　　特拉尼在法西斯宫竞赛时对于基地的考古学分析，延续到了这个方案中。但丁纪念堂的平面遵从了先前古罗马遗址的朝向与网格，并与其轴线平行。同时，这个平行所带来的与帝国大道的夹角，刚好使得但丁纪念堂和马克辛提乌斯巴西利卡以帝国大道为中轴线相互对称。这就以另一种方

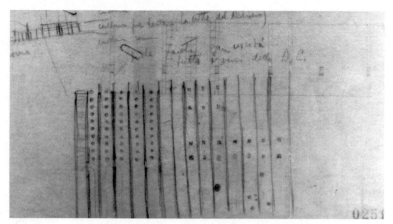

图 3-100 特拉尼绘制的但丁纪念堂初期草图，1938

式表达了对于巴西利卡遗迹的尊重。这些对于周边环境因素的考虑都与法西斯宫的第一方案一样。

从保留下来的草图看，除了最终的方案，还有另一个不尽相同的方案（图 3-100）。这是一个由 16 道平行片墙排列形成的空间，相对独立的片墙以及形成的开放空间似乎是在形态上呼应周围的废墟和遗迹。同时，也是对于但丁曾经在他的作品诸如《宴会》《王国论》以及《神曲》中都详细描述了"在希腊半岛上和爱琴海岛屿中普遍存在的保护古希腊巨型遗迹的墙"的一种再现。这个方案的路径设计是在这些墙中穿越、绕行，可以理解成是对但丁艰苦的游历过程的再现。但是无法得知数字 16 所暗示的确切含义，我的理解是由 9 层地狱和 7 层炼狱山的总和，暗示着穿过了这些片墙，就经历了但丁的苦旅，完成了从"现世"到"天堂"的过程。

这张草图的总平面看上去接近黄金分割矩形。从其他元素中可以看出，平面的一侧有一部单向的线性大楼梯。墙之间的柱子有圆柱和方柱两种。形成了 5X10 的正方形圆柱阵列、平行方柱列和一个类似阿基米德螺线的圆柱群。这三种柱列类型都出现在最终的方案中，分别象征了迷途森林、帝国长廊和地狱，并且所处的位置也非常相似。笔者根据草图和最终的但丁纪念堂设计法则对这个方案进行了还原，可以看出是由包含在黄金分割矩形内的一大一小两个正方形组成的，并且正方形圆柱阵列与大楼梯交角的内凹暗示了出入口。这些思考与构成手法，都是最终但丁纪念堂方案的基础。

草图中还出现了一些文字的注释。特拉尼在图纸上方写着"Cultura Italiana di dolce stile novo"（具有创新风格的意大利文化），[1] 形容但丁是"美好的、文雅的、安详的"，是反对中世纪的修辞学，创造了混合其他元素的抒情诗。接着，他列出了"Cultura pre-Dantesca (La notte del medioevo)"【前但丁文化（中世纪的黑暗）】。这里表达的是特拉尼对于但丁启蒙的赞颂，同时，暗示了但丁得到启迪的经验就好像特拉尼在法西斯主义的影响下一样。接下来对于古罗马诗人维吉尔（Virgil）和罗马帝国的呼唤，体现了特拉尼知道维吉尔的引导对于但丁的重要性，为后文表达墨索里尼对于自己的意义就好像维吉尔之于但丁一样埋下了伏笔。在这些文字下面，他提出了两个设计意图，一个写有"Sulle facciate, tutti [sic] verse della DC"【将所有的神曲（Divine Comedy）诗句雕刻在立面上】，但是这个想法并没有实现。最终的方案中，由马里奥·西罗尼设计的浅浮雕取代了诗文出现在立面上，如同中世纪大教堂的入口用浮雕取代了圣经的经文一样。第二个意图则是谜一般的深奥：这个词语"giunti dei blocci"（石材之间的联接），将建筑"黏结"为一体，这是一个功能主义建筑的概念。在下一张草图中出现的注释好像是连接成图案的石块，有些类似最终方案中变化的矩形和先前曼布雷蒂墓中的意图。

与上述方案类似，最终方案的平面也是出于两个思考：一个黄金分割的矩形和两个相互叠加的正方形。最初，柏拉图式的正方形和圆形对于但丁和特拉尼来说是重要的几何形体，但最终选择了前者而不是后者对于特拉尼而言是非常谨慎的（图 3-101）。舒马赫解释说：

> 在给墨索里尼的报告中，特拉尼最初希望采用圆形。而在这里没有选用是因为"这个地段需要一个谦虚的东西，而且它（圆形）会和完美的古罗马斗兽场产生对立。对于但丁，作为中世纪学者的灵魂，圆形和正方形分别表达了上帝和男人。通过对几何形的尝试，形成了用正方形取代圆形来表达诗人描述的人们无力理解上帝。"[2]

最终方案与巴西利卡发生了直接的关系（图 3-102），就像前文所述的科莫法西斯党部大楼与科莫传统院宅平面发生关联一样。面对帝国大道

---

[1] "novo"是一个拉丁词根，代表"新意"、"创新"。

[2] 出自 [美] Thomas L. Schumacher. Surface & Symbol: Giuseppe Terragni and the Architecture of Italian Rationalism. New York: Princeton Architectural Press, 1991：197. 作者自译。

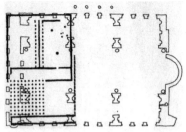

图 3-101 特拉尼绘制的但丁纪念堂透视图，1938　　图 3-102 但丁纪念堂与巴西利卡的关系

的片墙是最明显的一种表达。马克辛提乌斯巴西利卡的侧墙在法西斯宫的方案一中曾经引用过的，同样再次得到了援引。在但丁纪念堂中，墙仅仅成了独立的立面。它"就像在希腊半岛上和爱琴海岛屿中保存的古希腊巨型遗迹的墙"，在但丁的《宴会》（Convivio）、《王国论》（De Monarchia）以及《神曲》中都曾详细地叙述它的普遍性。另一方面的关联是来自于平面的，特拉尼精心地告诉我们但丁纪念堂的比例和尺度是来源于巴西利卡的。马克辛提乌斯巴西利卡的平面几乎是一个黄金分割矩形，而但丁纪念堂的矩形平面的长边刚好与巴西利卡矩形的短边等长。

　　特拉尼在这里对于黄金分割矩形重要性的解释是：

　　　　这个黄金分割矩形是对远古的联系，因为它是"一个常常被古代的亚述人、埃及人、希腊人和罗马人采用的平面形式"；它清晰地表达了"整个纪念性建筑绝对完美的几何形价值"。[1]

　　将两个正方形叠加的实际作用是为建筑创造一个狭长的带状入口（图3-103），就像在之前的方案中黄金分割矩形和两个正方形之间的夹缝。而最终方案中的处理手法更加清晰并且使黄金分割矩形和正方形结合得更加紧密。特拉尼对于正方形的解释是：

　　　　这是整个建筑中最容易被感知的特征……特别是在 1.60m 标高的平

[1]　出自 [美] Thomas L. Schumacher. Surface & Symbol: Giuseppe Terragni and the Architecture of Italian Rationalism. New York: Princeton Architectural Press, 1991：196. 作者自译。

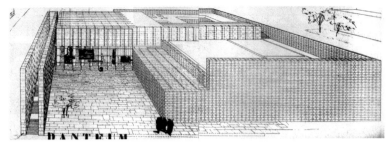

图 3-103 特拉尼绘制的但丁纪念堂入口透视图，1938

面和地面层图书馆平面的高度中……[1]

　　特拉尼的这个说法是对于作为室内空间的正方形的解读，但相同的处理手法也出现在建筑的另一边，即面对帝国大道的一侧，平行于实际的黄金分割矩形的长边的院墙，与侧面的窄长的楼梯形成了一个不很清晰的正方形。如果说特拉尼解释的那个正方形是清晰可辨的实体空间，那么这个正方形则是模糊的虚空的空间。两者相互错位，形成了狭长的带形入口，两者相互交叠，重叠的空间就是建筑的主要入口空间（图 3-104）。

　　从分析图中我们可以看出，巴西利卡所体现出的黄金分割空间，以及由它所分解产生的正方形空间几乎体现在但丁纪念堂最终方案的每一处空间布局中。特拉尼认为：

　　　　这个"杰出的作品"，所有的主要空间不是正方形的，就是矩形的。这个对于但丁纪念堂范围内的空间是真实的、可察觉的，正如可以在平面中读出的一样。[2]

对于正方形舒马赫认为：

　　　　但丁纪念堂外部的形式，也就是在正方形最终横向位移前，是一个与巴西利卡相似的黄金分割矩形，在进行了位移之后获得的更宽的形式，

[1]　出自 [美] Thomas L. Schumacher. Surface & Symbol: Giuseppe Terragni and the Architecture of Italian Rationalism. New York: Princeton Architectural Press, 1991：195. 作者自译。

[2]　出自 [美] Thomas L. Schumacher. Surface & Symbol: Giuseppe Terragni and the Architecture of Italian Rationalism. New York: Princeton Architectural Press, 1991：195. 作者自译。

图 3-104 特拉尼绘制的但丁纪念堂正立面透视图，1938

图 3-105 特拉尼设计的但丁纪念堂模型，1938

在包括外立面的长廊后也相当于巴西利卡的比例。两个建筑的周长也非常相似。[1]

每个部分末端的狭小空间都与整个建筑相联系：巴西利卡中的半圆形空间和柱廊都在短边一侧，而在但丁纪念堂中则是通向天堂的和从地狱到

---

[1] 出自 [美] Thomas L. Schumacher. Surface & Symbol: Giuseppe Terragni and the Architecture of Italian Rationalism. New York: Princeton Architectural Press, 1991：197. 作者自译。

炼狱过渡的大楼梯。同时，在但丁纪念堂中，外侧的布满西罗尼雕塑的直线片墙也是对巴西利卡面对帝国大道的一侧引导人流的弧形侧墙的呼应，并且维持了两者对于帝国大道的部分对称。这个对于巴西利卡侧墙的呼应，是在 1934 年法西斯宫方案一中采用的手法。同时，在最终的但丁纪念堂方案中，片墙仅仅作为独立的立面存在，似乎是之前的草图中的 16 道平行片墙的缩影。

除了几何学，特拉尼还严格地运用数学（或者应该说是数字）与但丁的《神曲》对应。主体的黄金分割矩形在空间上被分成了 4 部分，其中三个部分主要的空间对应的是神曲的 3 个章节：地狱、炼狱和天堂，而剩下的 1 个部分是虚空的院落。

而这个空间划分方式，几乎与之前的 E42 方案早期草图如出一辙：由十字形控制分割一个黄金分割矩形为四部分空间（图 3-105）。

但丁《神曲》的结构是作为主体的三章每章都含有 33 篇圣歌，再加上第一段圣歌中一段对于整个神曲的介绍，一共由 100 段构成。特拉尼在但丁纪念堂入口处设置的 100 根柱子，呼应了这个数字，并且以匀质的圆柱阵列形成了抽象的迷途森林。但丁描述他的领域分为如下的几个部分：

> 地狱分为 9 层，地狱前的审判形成第十部分；炼狱包括 7 级；天堂由 9 部分组成，最高级的九天是第十部分。罪人进入地狱是因为三种恶行：纵欲、暴力和欺诈；赎罪在炼狱中是以三种自然之爱为基础的；而天堂是以三种神圣之爱为基础的。[1]

特拉尼在这三部分空间中以不同的手法抽象地表达了它们的象征性。在地狱空间中，分解黄金分割矩形为 7 个正方形，每个正方形的中心有一根圆柱，正方形地面逐级下降，暗示了地狱的下沉空间以及本身位于底部；炼狱空间与地狱相似并且形成了一种镜像关系，同样由黄金分割矩形控制的 7 个正方形地面，逐级上升，并且没有柱子，暗示了炼狱山的攀登以及本身位于上部。但是抛开这些暗喻和象征，这两个空间并没有精确地在数学上与《神曲》对应，没有体现出 9 级地狱与 7 层炼狱。在天堂

---

[1] 作者根据《The Danteum: Architecture, Poetics, and Politics under Italian Fascism》中第五章的部分内容翻译整理而成。

空间中，反映了数学方面的控制。总共 33 根玻璃圆柱，对应了每章所包含的 33 篇圣歌，而位于中心的 9 根柱子，暗示了天堂中的 9 天，3X3 的排列暗示了 3 种神圣之爱（或许在此是将 3 种罪孽和 3 种自然之爱一同作了交代）。

　　但丁纪念堂与其他法西斯建筑类似，象征意义是要高过功能性的。除了前文所述的特拉尼在但丁纪念堂的方案中，与但丁《神曲》发生的文本结构与空间结构之间的关联外，《神曲》的内容与但丁纪念堂的空间序列也有着紧密联系。特拉尼巧妙地利用了《神曲》中但丁在迷途森林—地狱—炼狱—天堂—人间的游历过程，安排了建筑空间序列，从而营造了一座精彩的散步建筑。

　　但丁纪念堂一共有 3 个入口。需要强调的是，其中位于迷途森林墙体后方的入口，是可以直接通向图书馆的，图书馆的位置在炼狱的下方，这也是建筑功能的唯一要求。这里的处理方式与科莫的法西斯党部大楼相同，在法西斯党部大楼中，单独为退伍军人沙龙设置了一个出入口。而在但丁纪念堂中，这个入口不仅隐蔽而且几乎直达图书馆，这样的处理一方面不会影响到建筑的整体游历路径，另一方面也能最方便地到达使用空间，而避免经历这个仪式。因此，我们可以说，但丁纪念堂实际上还是由两个出入口来控制整个路径的。

　　主要入口隐藏在帝国大道的一侧，在那道布满浅浮雕的假墙后面。我们从古罗马斗兽场方向进入，在雕刻墙和建筑真正的立面限定的狭长的空间中，还有一道平行的片墙，这是院落的围墙。这样，三道片墙形成了一个选择：左侧的大踏步和右侧的狭窄走廊。这里与文本中但丁处在人生转折时期的迷茫发生对应。

　　当我们选择了左边的大踏步时，会发现这是一个特拉尼设置的小骗局，踏步的另一端仍然是帝国大道，这条路只是在雕刻墙的背后走了一趟。这是一部不能上的错误的大楼梯，它对应的是神曲中的开篇，那里但丁看到俗世天堂之山，但是他告诉自己能攀登，直到他经历了地狱的苦难。

　　因此，正确的选择是右侧的狭窄走廊，只能一个人通过，只有前方的幽暗光线作为引导。这里暗示的是但丁一个人在迷惑中徘徊前行。穿过走廊，就出现了宽敞的庭院空间（图 3-106），这里既是室内和室外空间的交汇处，同时也是进入室内的准备空间。这里对应了但丁徘徊许久而即将进入迷途森林。穿过建筑的入口真正进入到了室内，这部分空间由 100 根混凝土柱子密布形成的 10X10 的序列，象征着无边无际的迷途森林。

图 3-106 但丁纪念堂入口庭院计算机模型

就像《神曲》的开端所表达的：

> 在我们人生的中途，
> 我发现自己在一座昏暗的森林中，
> 在这里我迷失了正确的道路。
> 唉，要我描绘出那森林如何荒凉、崎岖。
> 而且是如何原始，那我太难做到，
> 我只要一想到它，心里就一阵颤栗！
> 其中的悲苦，和死也差不多少。[1]

　　除了主入口的幕墙，迷途森林没有任何开窗和采光。因此，越向前行越黑暗，越难以辨识方位。这与但丁在迷途森林中一样，他遇到了象征肉欲的豹子、象征骄傲的狮子和象征贪婪的母狼三只象征恶德的野兽。这时，但丁遇到了他的救赎者和引路人——古罗马的诗人维吉尔（Virgil），[2] 从而

---

[1] 出自 [意] 但丁原著，[法] 陀莱绘.《神曲》图集.黄乔生译.郑州：大象出版社，1999：10.

[2] 天堂中的但丁的初恋情人贝亚特丽丝请维吉尔引领但丁进入天堂。

离开了迷途森林。

我们穿过了柱林，眼前是一段开阔的带状空间，这里对应着但丁经过卡隆的摆渡到达环绕深渊第一层，他在这里看到了荷马、贺拉斯、奥维德、卢卡努斯 4 位诗人，随后又见到了柏拉图、亚里士多德、西塞罗、欧几里德等先贤。有意思的是，这里还是通向图书馆的入口空间，就与这些先贤们出现的地方形成了合乎逻辑的叠加。

我们继续向上经过九阶踏步来到一个三面围墙的空间，只有一个狭窄的缝隙通向未知的空间。这就是地狱的入口处，米诺斯审判的地方，灵魂一一经过他的审判而进入到地狱的不同地方。穿过地狱的入口，进入到一个巨大的矩形空间：7 根柱子支撑着有狭窄光缝的天花，柱子呈螺旋状排列，由粗到细，每一根都位于正方形地面的中心，这 7 块地板呈顺时针螺旋形下降，出口就在遥远的对面。这里象征了无尽的地狱，但丁在维吉尔的带领下穿越了 9 层地狱，结束了地狱的游历。

我们穿过地狱，又面对一段狭窄的走廊。与地狱入口一样，要经过九阶踏步的爬升。这段路程对应了维吉尔带领但丁爬过地心，来到了南半球的炼狱岛，经过泰伯河[1] 天使的摆渡到达了炼狱山。炼狱是与地狱同样大小的矩形空间，但是没有柱子，透光的天花将光线均匀地洒进了室内，因为索台罗[2] 告诉但丁灵魂在夜间是不能上升的。室内的地面同样是 7 块正方形地面构成，呈逆时针螺旋线升高，这里象征了 7 层的炼狱山与但丁的攀登。但丁在炼狱山要洗清 7 个污点（7P）:骄傲、嫉妒、愤怒、懒惰、贪财、贪食和贪色。7 层的炼狱山，每一层都有一位天使为他拭去一个罪恶。就像但丁在《神曲》中所说：

> 我站了起来，只见满山都是阳光。
> 我们背着新太阳向前行进。
> 我跟着我的向导，脑子里装满思想，
> 使我的身体弯曲的像半座桥。
> 那时我听见有人说:"来吧，这里是路口！"
> 这声音亲切、和悦，非人间所能听到。[3]

---

[1] 但丁在这里将水面描绘成泰伯河的入海口，因为这条河流经罗马入海，罗马有教堂，但丁认为灵魂必须在真正的教堂才能得到救赎。

[2] 索台罗，曼托亚的索台罗，是 13 世纪意大利行吟诗人。

[3] 出自 [意] 但丁原著，[法] 陀莱绘.《神曲》图集.黄乔生译.郑州：大象出版社，1999：26.

图 3-107 但丁纪念堂天堂计算机模型

经过炼狱山的洗礼，在炼狱的出口，再次经历狭窄的九阶踏步的上升。之后来到一片透明的空间：透明的天花、透明的柱子、透明的地面……这里暗示着但丁来到了天堂。与但丁描述天堂所用的语言一样"……我所见到过的那些事物，不是从那里降下来的人所能复述……"我们无法描述眼前的景象。天堂的一边是实墙，另外三边环绕着透明的柱子，似乎象征天堂的 3 种美德：信仰、希望和慈爱。空间的中心是 9 根柱子排成 3X3 的阵列，对应着但丁在天堂由贝亚特丽丝引领，经历了九重天。天堂空间的透明天窗在室内均匀地洒满了阳光，使得眼前出现了奇幻的漫射与折射，象征了天堂，特别是九天所处在最高等级的位置。就像贝亚特丽丝对但丁说的"这一重天，从最近处到最高处，都是均匀的"（图 3-107）。但丁在《神曲》尾声中总结道：

> 除去现世生活的悲惨状态，引导人们达到幸福的境界。
> 达到这想象的最高点，我已经无力表现，
> 但是我的欲望和意志，将像车轮一样均匀转动，

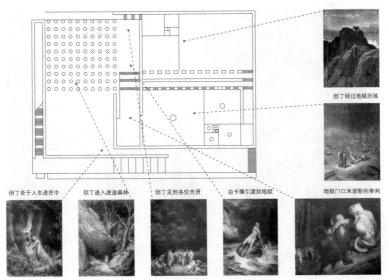

但丁经过地狱历练

但丁处于人生迷茫中　　但丁进入迷途森林　　但丁见到各位先贤　　由卡隆引渡到地狱　　地狱门口米诺斯的审判

图 3-108 但丁纪念堂空间与《神曲》文本叠加关系图示

这都仰仗爱的调节，这爱能移动太阳和群星。[1]

　　而但丁并没有细述如何从天堂回到现世的经历。因此，我们的历程将在特拉尼的引导下继续。这个时候，如果我们穿过透明的天堂，经过对面狭窄的出口，眼前就是一道垂直的大楼梯，经过一段下行，我们回到了象征"现世"的室外。正对着大楼梯的是一块大理石，上面的浮雕是"灵"（Greyhound），但丁暗喻一个人可以拯救濒临毁灭的意大利，就像卢森堡的亨利。对于特拉尼来说，这个"灵"就是墨索里尼，他既是意大利的救世主又是领导者。

　　而如果我们不离开天堂，而是转向炼狱的方向，会看到一道细长的大走廊，走廊被整齐的柱列一分为二，形成庄严的仪式性。穿过走廊，走到尽端的实墙前，可以看到墙上一个巨大的鹰形徽章。这里被称为帝国长廊，它不仅与帝国大道在空间上平行，而且同样对应了《神曲》中的文本（图3-108，图3-109）。但丁在第六重天，木星天聆听鹰的讲论。鹰象征"世界的帝国"即罗马帝国，秉承了上帝永久的意志，木星天代表了公正贤明

[1]　出自 [意] 但丁原著，[法] 陀莱绘 .《神曲》图集 . 黄乔生译 . 郑州：大象出版社，1999：32.

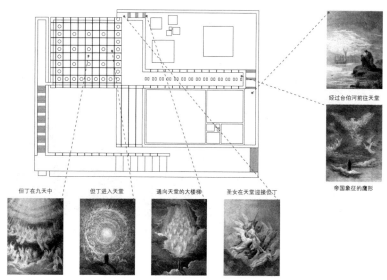

经过台伯河前往天堂

帝国象征的鹰形

但丁在九天中　　　　但丁进入天堂　　　　通向天堂的大楼梯　　　圣女在天堂迎接但丁

图 3-109 但丁纪念堂空间与《神曲》文本叠加关系图示

的君主。但丁在木星天看见朱比特的火把中，天使们排成圆圈，边飞边唱，排出了爱的火花组成词句。特拉尼在此特别地将六重天提取出来，目的就是象征罗马帝国的复兴，从而在整个游历过程中完成了对法西斯意识形态的高度赞美。特拉尼的一张草图表达了从字母"M"到鹰形徽章的转化设计，而"M"代表了墨索里尼。这是一个抽象的新罗马帝国的符号。对特拉尼来说，墨索里尼对于他就好像是维吉尔之于但丁那样重要。

　　从空间组织来看，但丁纪念堂是一个成熟的散步建筑。它以多个平台不断抬高，形成了循环攀升的空间。这里我们可以参考在 1934 年法西斯宫方案一中引用的拼贴插图（图 3-110）中，卡纳克（Karnak）的古埃及卡纳克神庙（图 3-111）和古代波斯的萨根（Sargon）宫（图 3-112）的意图体现了出来。当时特拉尼的解释是：

　　　　注意不同的权力体现在萨根宫水平面的不同部分，而不是体现在它的垂直面。而在埃及神庙中，严格的直线几何学、纪念性的划分体现了理性的节奏。

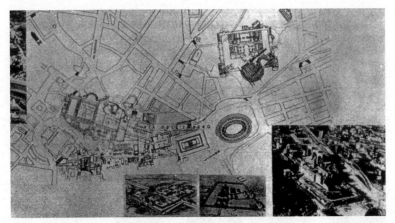

图 3-110 特拉尼绘制的但丁纪念堂拼贴分析图，1938

古埃及神庙主要以围墙构成；萨根宫则是由平台构成。[1]

　　但丁纪念堂就是由它们的要点组合而成的。同时可能影响到特拉尼的是一座建筑和一幅绘画。特拉尼借用了埃及的百柱厅作为百柱前厅的先例（图 3-113），这个百柱厅的另一个来源就是在塞巴斯提亚诺·塞里奥（Sebastiano Serlio）的论文，这是一本与特拉尼同代的建筑师都知道的著名参考资料。文中塞里奥选用古希腊议会厅的平面被文艺复兴的理论家称为"这就是创造好建筑的意图"。而另一幅影响到特拉尼思想的绘画是源于贝托亚（Il Bertoia）在帕尔马的吻之屋（Sala del Bacio）的绘画（1566-1577）（图 3-114）。这幅绘画描绘了水晶柱子支撑着镀金的柱头和大梁，向天空打开以及一个开放的风景背景，人们在跳舞、拥抱和亲吻的特征。这幅美好的图像似乎影响到了特拉尼对于天堂水晶柱子的选择，他希望能够给但丁的天堂概念带来一种迷人的魅力。

　　特拉尼设计但丁纪念堂的时候，这些物质的形态将散步建筑的思想转化成一个救赎性的朝圣，也转化为了对征服埃塞俄比亚之后，墨索里尼宣称的罗马帝国复兴的赞颂和纪念。因此，从某种意义上说，但丁纪念堂也是一座墨索里尼的法西斯纪念堂。

---

[1] 出自 [美] Thomas L. Schumacher. The Danteum: Architecture, Poetics, and Politics under Italian Fascism. Triangle Architectural Publishing, 1985 ：99. 作者自译。

图 3-111 但丁纪念堂设计中援引的卡纳克神庙

图 3-112 但丁纪念堂设计中援引的萨根宫

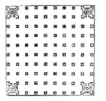

图 3-113 古希腊百柱厅

图 3-114 天堂油画，1566-1577

　　但丁纪念堂是特拉尼一生的作品中最为形而上的一个，也是最为戏剧化的一个。它可以说是特拉尼在罗马这个意识形态中心距离建成最近的一座建筑，它可能也是影响了勒·柯布西耶、阿尔托和康在二战后建筑思想的一座建筑。特别是在 1949 年特拉尼作品回顾展中，勒·柯布西耶曾为展览剪彩。在浏览了特拉尼的作品之后，勒·柯布西耶只在但丁纪念堂前作了停留，并称之为"这是一个建筑师的作品"。

　　特拉尼最后一座建成的法西斯公共建筑是在 1938 年。经过了一次竞赛，小城里索内（Lissone）选择了特拉尼设计他们的里索内法西斯党部大楼（图 3-115）。里索内是米兰北边的一个小镇，与特拉尼的老家塞维索很近。

　　这座建筑的正立面对着里索内的主要广场，水平展开的立面一端是一座法西斯之塔。这个方案在概念上有些像科莫法西斯党部大楼的一张草图，是当时特拉尼在水平性与垂直性之间思考的结果。而这座建筑明显地突出了法西斯之塔的权威，对于它的表达也是特拉尼的建筑中最为直接的，只是塔的形态相对抽象。从空间组织和体量关系上与罗马议会大厦的设计有些相似，都是围绕着核心空间——会议厅组织的。这个会议厅是主要的体量，大约占据了整个建筑的 1/2，其他的小房间与法西斯塔排成一列，与会议厅平行，既在立面上完成了水平性与垂直性的表达，同时也在体量上隐匿了巨大的会议厅空间。

　　特拉尼的这座建筑的功能和流线的解决方案具有一定的创造性。入口

图 3-115 里索内法西斯党部大楼正立面，1938-1939

在水平的办公空间与垂直的高塔之间。人们可以从大楼梯左边进入，直接通向报告厅的前厅，也可以爬右侧的大楼梯，那么在半层的地方可以到达右侧的祭坛，这是法西斯精神的圣地。这个入口的选择与但丁纪念堂方案的入口非常相似。继续沿着大楼梯上行可以到达二层的大厅，或者向右转进入引导进入高塔平台的走廊。因为高塔中有祭坛，所以特拉尼增加了形式上的象征力度。就像第二阶段的法西斯宫竞赛方案一样，我们看到一个强烈的水平体量和垂直体量的对比。这个独立的高塔由花岗岩建成，依然体现了石材对于传统的表达。

整个流线的布局与罗马议会中心很相似，都是一个十字形的控制，连接和分割了不同的部分。会议厅、办公空间、法西斯塔这三部分相对独立，分别有各自单独的出入口，同时，十字形的交通空间又将这三部分有机地联系在一起。因此，在这个建筑中，没有以往建筑中体现出的完整的散步建筑的思想，而是体现了一个可选择性的流线。

这是一个安静的建筑，更多地显示出了法西斯政权的符号而不是建筑自身的魅力。从科莫法西斯党部大楼到里索内法西斯党部大楼，我们似乎看到了特拉尼对于法西斯政治的妥协，从而回归到法西斯政权最初的需求。特别是在里索内法西斯党部大楼中，特拉尼延续了先期对于水平性与垂直性的思考，并且在建筑中清晰地出现了法西斯的符号——法西斯之塔。这种具象的表达在前面的方案中很少出现。

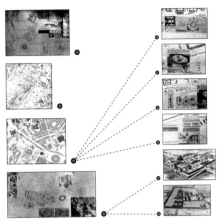

图 3-116 特拉尼对于旧城与历史"先例"蒙太奇式表达

第五节　"理性主义"诠释的民族主义

意大利"理性主义"者们对于民族主义建筑的探索方向是结合传统与现代的设计思想。这些在特拉尼的建筑中的表达则具体体现在下面几个方面：

1. 城市与历史建筑

城市方面是一个相对宏观的思考，体现出特拉尼将城市肌理以及历史文脉作为设计的出发点。在纪念性建筑设计中，这种思考转化为水平纪念性的表达，对于城市历史"先例"以及网格的尊重（图 3-116）。

在法西斯政府的公共建筑中，则体现出对于历史传统及旧城网格的运用。这其中的大部分建筑位于罗马，并且位于历史遗迹环绕的核心区域。特拉尼采用了拼贴的蒙太奇式的表达手法。对场地、遗迹、历史网格、轴线等作了系统的分析，或者是采取援引古代建筑图像的方式，对其中的潜在法则进行阐述，并在设计中表达出了这些潜在因素的影响与控制。这种手法是对墨索里尼提倡的"考古学"的积极回应。

而 1937 年法西斯宫第二阶段方案与 E42 议会中心方案中则表现出了一种跳跃，这种使建筑独立于场地的方式，更多地体现在他先锋派的建筑表达中。

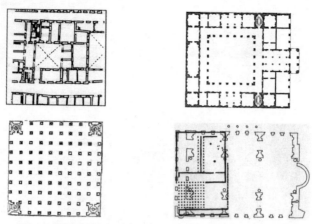

图3-117 特拉尼的设计中对于传统平面以及古典主义平面的参考与叠加引用

　　历史建筑作为场地（在意大利表现为广场）的控制与核心，本身就是一种传统的城市形成方式。特别是在罗马，经历了长久的历史变迁，大量的古文明与历史遗迹保存在城市各处。因此，对于历史"先例"的尊重与体现是特拉尼设计中一个重要的特点。这种尊重，并不是体现在形式或者符号的挪用或嫁接。特拉尼更多地是采用新建筑平面与传统建筑平面叠加的方式，体现传统的、古典的法则对于新建筑的控制。比如在科莫法西斯大厦中参考的蒂内府邸或者在但丁纪念堂中表达的与马克辛提乌斯巴西利卡发生的关系（图3-117）。

　　2. 图像与符号

　　任何时期的纪念性建筑或者集权建筑，都散发着极其强大的形式感与象征性。这类建筑往往以一种给定的视点（通常是正立面）作为其形象与地位的表达。图像，在这个时期体现了其自身固有的宣传性与冲击力。对于意大利民族主义建筑的表达也不例外。特别是墨索里尼以"束棒"、钟塔作为法西斯的符号之后，这些形象与风格上的思考就成为建筑师面对的最重要问题。

　　作为民族主义的载体，这些建筑的象征性，远远地超过其自身空间与功能的重要性，特别是在经历了未来主义描绘的乌托邦。与那个时期大多数建筑师以机器（例如：轮船）或者工业建筑（例如：发电厂）作为新建筑象征的表达不同，特拉尼采用的是抽象的符号式表达。特拉尼选择了抽

图 3-118 特拉尼对于"符号"法西斯之塔的思考与不同表达

象的几何形体作为纪念性的表达以及在此基础上对于仪式性与法西斯概念上的"透明性"的阐述与体现。

特别是对于法西斯提出的"一座高塔和一片集会的广场"的要求（图 3-118），笔者认为特拉尼以一种先验式的狂热氛围作为对这两者的抽象表达（即他反复描绘的高塔下人头攒动的图景），而并不是过多地将其符号性作为重点。最终，在科莫法西斯党部大楼中，特拉尼实现了自己描绘的蓝图。这也成为了当时法西斯强盛的最生动的表达与记忆。

3. 材料与技术

特拉尼作为来自意大利北方城市科莫的建筑师，其对于石材的感情是难以割舍的。意大利北部是著名的罗马风格石匠（Maestri Comacini）活动的中心和起源地。同时对于意大利来说，丰富的石材及其运用本身就是自身的传统。

特拉尼在民族主义建筑的尝试中，石材是其重要的表达方式。特别是大理石及花岗岩，成为他的建筑中表达纪念性的符号。特别是在科莫法西斯党部大楼中，特拉尼用在混凝土结构外嵌入大理石板作为对于传统和纪念性符号式的表达。

对于石材传统，特拉尼认为：

具有悠久传统的砖和石头有它们自身的美学，那是源自于它们的结构的可能性中，现在这也是我们直觉的部分。古代建筑的重要意义在于它用不同的方式努力征服了材料的重量使它远离地面。这个对于静力学问题的征服导致了韵律的创造：眼睛满足于通过形式或者排列使得一个元素或者元素的组合部分呈现出理想的状态。通过寻找这个状态，可以清楚地知道传统的比例、出挑和维度。[1]

由此引发的对于结构与对传统纪念性的思考，体现在特拉尼对于钢筋混凝土的运用。在新材料的普及下，特拉尼对于水平纪念性的思考得到了充分的表达，关于漂浮、悬挑等概念都可以看作是对传统纪念性的颠覆。特拉尼认为：

> 对于钢筋混凝土而言，传统的源自于石材的衡量标准丧失了所有的本质的意义和动机：就其新的可能性（巨大的悬挑、大尺度的开洞和玻璃幕表面价值的重要意义、水平性、纤细的柱子等）必然引发一种新的审美，一个完全不同于传统风格的审美，而结构的和有韵律的虚实对比的普遍性架构将呈现出全新的形式。[2]

可以说新材料的运用将更充分地表达先锋派的思想，我们也可以看到不同时期特拉尼对于钢筋混凝土的尝试。特拉尼也试图用新材料带来的冲击力表现法西斯政治的象征性。但是由于种种客观原因，这种想法最终只是美好的愿望。

---

[1] 出自 [美] Daniel Libeskind. The Terragni Atlas: Built Architecture. Skira, 2004：22. 作者自译。

[2] 出自 [美] Daniel Libeskind. The Terragni Atlas: Built Architecture. Skira, 2004：22. 作者自译。

第四章

特拉尼在先锋派运动中的建筑表达

　　以特拉尼为代表的"七人小组"成员是 20 世纪意大利最早的一批先锋派建筑师，将来自北部欧洲的建筑思想引入意大利。他们直接的前身是一战之后那些新艺术运动或分离派等思想的结合。这个小组受到了国际风格建筑师们的强烈影响，但是由于当时意大利政治环境的动荡与自负的保守，在文化上并没有与其他欧洲国家过多地交流。这些建筑师们只能够通过书籍和杂志，用自己的思考和认识来学习整个欧洲的现代艺术运动。他们受到来自毕加索、贝伦斯、密斯、门德尔松、格罗皮乌斯等人的影响，并且对荷兰人特别是凡·杜伊斯堡和里特维德产生浓厚的兴趣。

　　在他们沉溺于那些国际式建筑师的时候，整个意大利的建筑师们都在正统的现代主义、社会发展带来的技术革新和维护旧有的传统和古典主义之间徘徊。因此，先锋运动的图像和思想理论的传入——大约是比法国和德国晚了 10 年，比荷兰晚了 10 年以上——与当下的意大利情形产生了一定对立。当时"七人小组"宣言的第一部分也体现了这种模糊。此外，虽然未来主义是 18 世纪以来意大利国内最重要并且是第一个赢得国际声誉的先锋运动，但是"七人小组"的立场却是建立在对未来主义的批判，并且明显地倾向于勒·柯布西耶、格罗皮乌斯以及其他一些国外建筑师的，他们认为：

　　　　未来主义和早期的立体主义的经验，虽然它们有长处，但是它们刺痛了公众，并且使得公众从他们期待产生的好结果中走出来了……这个先锋派的遗产给我们的是一个虚假的冲击—— 一个乌托邦式的、疯狂的混乱。对于今天而言正确的应该是对于清晰和智慧的渴望。[1]

事实上，当时的意大利先锋派和保守派两者之间的风格是模糊的，都处于一个不断探索与徘徊的阶段。从某种意义上说，它们之间清晰的界线更多地表现在意大利南北部的地域划分上：先锋派以米兰为中心，而罗马则是在皮亚岑蒂尼控制下的保守主义者的阵营。特别值得关注的是，这条界线也是特拉尼的建成与未建成作品的重要分界线。[2] 特拉尼等人追随了先锋派的方向，坚持"理性主义"，最终成为现代主义建筑中的一个重要分支。

第一节　走向理性主义的早期建筑

20世纪20年代中后期，特拉尼受到了来自于欧洲其他国家的先锋理论的冲击，特别是俄国构成主义、德国的包豪斯、荷兰的风格派以及勒·柯布西耶领导的建筑和艺术运动。与大多数二十几岁的意大利先锋建筑师一样，特拉尼也是刚刚走出建筑学校。因此，他们非常积极地接受并且受到这些理论的影响，这些观念的影响可以从前文中"七人小组"的宣言中体现出来。

在这个为机器大唱颂歌的时代，特拉尼毕业后的第一个设计是以工业为主题的建筑，1927年的煤气厂（图4-1）设计。在这个项目中，特拉尼展示了他获取广泛的知识或信息并且使它们转化为自己观点的能力，他的方案明显地表现出了一些欧洲先锋派的影响，特别是俄国构成主义。从早期的草图中，可以看到一个高塔控制下的体量组合，显示出了一个结构系统，似乎是在暗示现代的材料钢和混凝土的建筑。而从进一步的方案图中，则表达了不同思想的影子：透视草图（图4-2）中似乎看到了圣伊利亚（图4-3）的影响，而从平面图和模型中又可以看出，形式和体量很像

---

[1]　出自 [美] Thomas L. Schumacher. Surface & Symbol: Giuseppe Terragni and the Architecture of Italian Rationalism. New York: Princeton Architectural Press, 1991：22. 作者自译。

[2]　特拉尼所有的建成项目都是在科莫完成的，除了一座罗伯特·萨法蒂墓（Monument and Tomb for Roberto Sarfatti）是建在维罗纳（Verona）附近，但是也是属于意大利北部地区。这是一条非常有意思的线索，对研究特拉尼来说很重要的，清晰地给特拉尼的建筑作了界定。但是由于作者研究的一些限制，并不在本文作这方面的深入研究。

图 4-1 煤气厂模型，1927

图 4-2 特拉尼绘制的煤气厂草图，1927

图 4-3 圣伊利亚绘制的新城市的
梯度建筑草图，1914

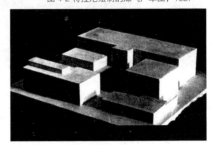

图 4-4 管道铸造厂模型，1927

格罗皮乌斯设计的包豪斯校舍。这种风车式的平面图布局也是当时欧洲先锋建筑师们相对广泛运用的类型。由于两座建筑功能上的不同，因此两者的相似也只是停留在形式上的。特拉尼认为煤气厂设计的结构与组织都是源自对于功能的考虑，勒·柯布西耶式的底层架空是为了能让卡车轻易地运输货物。而事实上勒·柯布西耶的思想对于特拉尼的影响，在七人小组的文字中已经表达出来。这个设计看起来比他同期设计的管道铸造厂（图4-4）更加灵活，并且在一座建筑中体现出了不同先锋派影响的片段。

　　因此，这个建筑更像是一个现代建筑形式的拼贴表达：像勒·柯布西耶建筑那样的底层架空；未来主义式的体量组合以及格罗皮乌斯式的平面布局……这些都来自于特拉尼对先锋派的研习。有意思的是，在民族主义的建筑探索中，特拉尼是以这种拼贴的手段来处理传统与历史遗迹的关系，然而这个设计中，不同的是文脉的缺席。特拉尼似乎也并没有在此考虑传统的问题，而是用类似的方法表现出了很多 20 世纪早期先锋的不同思想。因此，可以说这是一个将他的研究转化成最终方案的手段。

　　作为第一个设计，特拉尼表现出对形体及其相互之间关系的浓厚兴趣，这也是特拉尼早期设计中一个主要的侧重点。

图 4-5 特拉尼设计的新科莫公寓鸟瞰,1927-1929

同年，特拉尼得到一个机会设计并建成了一座集合公寓，它被认为是意大利第一座理性主义建筑，这就是新科莫公寓（图 4-5）。

这座在 1927 年至 1929 年间设计并建成的公寓,运用了体量的悬挑、水平墙以及开放的转角，这是当时在意大利建成的一座极其现代的建筑，也是一座革命性的建筑。布鲁诺·塞维称之为"第一座欧洲水平的建筑"。这时的特拉尼年仅 23 岁。

新科莫公寓楼坐落在科莫湖边的基地上，处在旧城的墙外部。基地和科莫湖之间是一个新建成的露天体育场。这个区域最初是工业用地，在20 世纪 20 年代被开发成为住宅和体育用地。在 1929 年公寓建成开放的时候，这片区域的大部分用地都还没有开始建设。之后的短短几年里，一座新的半露天体育场、一座由费德里科·弗里杰里奥（Federico Frigerio）设计的沃尔塔（Volta）纪念碑、一座吉亚尼·曼特罗（Gianni Mantero）设计的巴里拉（Balilla）总部大楼以及特拉尼设计的圣伊利亚纪念碑相继在这里落成。

新科莫公寓楼项目开发商支持并鼓励特拉尼进行他的现代建筑设计，因此特拉尼就得到了这个特殊的机会，在一个"新"的规划项目中设计建造一座"新"的建筑。最终，特拉尼建成了这个区域中的第一座理性主义的新科莫公寓。

在这座建筑的基地中有一座先前建成的公寓，是一位叫卡兰奇尼（Caranchini）的建筑师设计的，同样也是新科莫公寓项目中的一座（图

图 4-6 较早由卡兰奇尼设计的公寓，时间不详

图 4-7 特拉尼绘制的新科莫公寓方案，1927

4-6）。这是第一座"新科莫公寓楼"，在 20 世纪 20 年代早期建成。由于与这座建筑相连接，因此特拉尼特别注意了这座公寓结构。实际上，他在设计他自己的新科莫公寓时是回应了很多老建筑中具有的特征。建筑的平面，与卡兰奇尼的方案一样，采用了 C 形的体量，就像世纪之交时期的意大利中产阶级标准公寓的组织方式。两个 C 形平面相互连接，围合出一个私密的院子。在平面中部，特拉尼增加了两个突出的空间插入庭院，为的是能够提供更多的使用面积。而这种变化，在外部的街道空间中是无法察觉的。临街的立面，特拉尼参考了街区中的其他建筑而采用了弧形的转角以及上部空间的悬挑。并且根据卡兰奇尼的设计手法，在建筑的转角正中放置入口（看起来应该是次入口，因为正立面正中的入口应该作为主入口），采用了悬挑突出的阳台，这些元素的运用，都使得特拉尼的方案与原有建筑很好地结合在了一起。

　　新科莫公寓有 3 个方案，按照它们的日期排列分为 1928 年 1 月、1928 年 10 月和 1929 年的 3 个阶段。从特拉尼的新科莫公寓的草图中可以看出，从最初的设计到最终的建成方案，C 形平面与两个突出空间的体量组合几乎没有发生变化。这与后来的科莫法西斯党部大楼的方式非常相似。最早期的方案是一张透视图，最突出的特点是在正立面中心的入口上方有一个突出弧形的玻璃体量，建筑转角的体量变化以及一个勒·柯布西耶式的屋顶花园。事实上，勒·柯布西耶著名的萨伏伊别墅也正是在1928 年建成的。与卡兰奇尼设计的带有"九百派"风格的建筑相比，特拉尼的这个方案在节奏、布局以及形式上是最为接近的。而随着特拉尼逐步地发展和深入，他的设计也就越来越远离最初的新科莫公寓方案。

　　我们从草图（图 4-7）中可以看出，几乎所有的讨论与变化都是基于体量的。这是一张人视点的透视图，表达了清晰的体量关系，建筑转角的圆柱体量、顶部的悬挑空间以及整体水平性和突出的水平阳台等几乎体现了最终建成方案的全部特点。同时，模型也表达了相同的思考，除了临街的立面外，朝向庭院的立面也都体现了突出的水平阳台以及整体的水平性。特别是阳台的处理方式以及分隔方式，在后来的米兰公寓设计中都得到了再现和发展。

在 1929 年的最终方案中，我们几乎已经看不到立面上存在的垂直控制。带状的水平立面分层，被转角的弧线延伸到两侧的立面中，并且转角部分的带形条窗加强了这种延续性（图 4-8）。

从这些变化中我们可以看出，特拉尼的设计手法以体量、立面和平面作为重点，这就与勒·柯布西耶所提出的三点备忘"体块、表面和平面"相对应。这也是特拉尼从装饰的古典主义走向现代主义的一个转变。并且在最终的方案中体现了勒·柯布西耶所倡导的水平长窗、屋顶花园的特征。只是在这个公寓项目中，平面空间布局是依据传统的房间组织，并且几乎是沿中线对称分布的，没有太多变化。

有意思的是在这个项目的资料中还有一幅看上去带有明显的古典主义倾向的立面。这是因为特拉尼与他的助手们担心科莫市不能批准这样一座现代建筑。因此他们调整了策略，设计并绘制了一个带有"九百派"风格的新科莫公寓立面图，表现出了一座带有束带、拱形窗以及三角山花的明显古典主义符号的建筑（图 4-9）。当时的助手朱科利回忆说：

> 在 1928 年初，可以说我们设计的这座建筑的每一部分都是完善的。那时我们要面对如何拿到城市建设许可证的问题。我们深信得到项目许可是不可能的，因此我们决定伪装一下立面，增加了壁柱、饰带、檐口、装饰等，我们做了这样的决定，并且最终这个项目得到了批准。[1]

我们可以看到，这个"九百派"风格的立面设计与 1928 年最初的新科莫公寓的立面非常相似。这两个方案都表达了正立面与两侧立面的连续性。此外，在正立面中心入口上部弧形阳台的表达可以看作与 1928 年初的版本一样的形式。最大的区别在于，前者明显地出自卡兰奇尼的建筑，而后者则很大程度上受到现代主义的影响。在这个"九百派"风格的立面

[1] 出自 [美] Thomas L. Schumacher. Surface & Symbol: Giuseppe Terragni and the Architecture of Italian Rationalism. New York: Princeton Architectural Press, 1991：75. 作者自译。

图 4-8 新科莫公寓侧立面，1927-1929

图 4-10 朱也夫俱乐部透视图，1926

图 4-9 特拉尼设计的新科莫公寓报批的"假"立面图，1927-1929

中，建筑采用的是从地面到檐口整体的弧形转角。同时，主入口两侧的柱式、窗上的拱顶以及阳台的线脚等都与卡兰奇尼的设计非常相似。窗的排列还是表达出了垂直的倾向，而不是后来的水平长窗。从某种意义上说，这个立面更加地偏重装饰，采用了更多的古典符号。

而特拉尼早期方案则一开始就体现了现代主义，更进一步说是构成主义的影响。一些学者认为是受到了格罗索夫（Golossov）1926 年在莫斯科设计的朱也夫俱乐部（Zuyev Club）的影响（图 4-10）。开放的转角、相互穿插的圆柱体与矩形体量以及建筑立面的虚实关系，都与特拉尼的设计非常相似。但是与格罗索夫的设计不同的是，特拉尼并不是以一种构成的手法来设计这座公寓，特别是立面，而是以一系列的水平关系来确定和区分正立面与侧立面的等级关系。并且这个控制是从 1928 年 10 月的草图中就出现，一直到最终的建成方案。他的建筑的长立面是对称的，而在两侧立面中有意地使它们不对称。我们可以看到，除去二层以及出挑的阳台，整个建筑的长立面是在同一垂直面上的，而二层以悬挑的方式突出，与出挑的阳台形成了另一道垂直面（图 4-11）。同时，二层体量控制的水平带，向两端的侧立面延伸，并且与两个侧立面形成同一的垂直面。这不仅使二层形成了整个立面的控制线从而确定了正立面，而且正立面的两个

图 4-11 特拉尼设计的新科莫公寓最终首层平立面图，1927-1929

平行的垂直面所形成的浅空间，表达出了类似勒·柯布西耶在加歇别墅中体现出的透明性。并且这种设计手法在后来特拉尼的设计中多次出现。

坐落在科莫湖边的新科莫公寓同时具有一层象征性含义，就是对于航海的比喻，后来它被称为定期远洋客轮。这座建筑对于特拉尼的另外一层重要的意义在于，它是特拉尼建成的第一座混凝土表面建筑。一方面，他尝试着不用大理石表面，体现出勒·柯布西耶的"机器美学"，这是一种对科莫传统的挑战（图 4-12）；另一方面，这种暴露，引发了一场大论战。由于特拉尼以一个"虚假"的立面方案通过了审批，并且在建造的过程中，与大多数建筑物一样，脚手架将建筑物天然地保护和隐藏了起来。因此，在 1929 年建筑落成并且开放的时候，仅仅经过粉刷的混凝土表面受到了包括民众和艺术委员会的一致抵制：他们认为这座建筑缺少应有的装饰，而要求特拉尼继续"完成"这个建筑。这时，一场关于"新科莫公寓楼"的论战爆发了。帕加诺对特拉尼新科莫公寓感到吃惊，在《美宅》（Casa Bella）中撰文赞美道：

> 这座建筑是第一座意大利理性主义建筑，建筑师特拉尼勇敢地表达了对混凝土技术的肯定，这是最好的居住机器，新的建筑语言成功运用其中……它将成为"住宅"，"明日的住宅"。[1]

从他的话中我们可以看出，这些赞美几乎像是对于勒·柯布西耶的赞美；或者说是以勒·柯布西耶的标准来审视这座建筑。路吉·卡瓦迪尼（Luigi Cavadini）认为：

---

[1] 出自 [美] Thomas L. Schumacher. Surface & Symbol: Giuseppe Terragni and the Architecture of Italian Rationalism. New York: Princeton Architectural Press, 1991：78. 作者自译。

图 4-12 新科莫公寓正立面，1927-1929

　　这座建筑表达了一种适度的"重量"。特拉尼运用二层的悬挑和水平阳台去表达这个建筑的现代性，胜过了用水平带窗去强调这个结构体系。[1]

　　在经过大量的报纸文章支持或者反对这个建筑之后，市政府要求一个委员会去调查这个情况。3 位建筑师皮埃罗·波特鲁皮（Piero Portaluppi）（一个"九百派"支持者，后来成为一个现代主义者），吉奥瓦尼·格雷皮（Giovanni Greppi）和路吉·佩罗内（Luigi Perrone）爵士组成的评审小组认为这是一座好的建筑。他们共同的观点是，这座建筑是意大利最好的建筑，并且具备很好的生活条件。最终，特拉尼赢得了这场论战，并且在科莫保留了意大利理性主义的第一座重要的建筑。

　　紧接着的邮政旅馆（Albergo Posta）设计是特拉尼所有项目中历时最长的一个，从 1930 年接到委托直到 1935 年最终建成。它在设计过程中所体现出的反复，与新科莫公寓完全相反。最终形成了一个看上去带有明显的文艺复兴时期符号的表达。

　　这个项目是在科莫沃尔塔（Volta）广场一个过去的兵营里建设的一座旅馆（图 4-13，图 4-14）。从某种意义上说，这个设计无论从要求、功能还是最终形态，都与特拉尼的那些公共住宅项目更加接近，因此也体现出了一定关联。特别是在 1930 年到 1935 年这段时间里，特拉尼参与

[1]　出自 [美] Thomas L. Schumacher. Surface & Symbol: Giuseppe Terragni and the Architecture of Italian Rationalism. New York: Princeton Architectural Press, 1991：79. 作者自译。

图 4-13 特拉尼设计的邮政旅馆，
1930-1935

图 4-14 特拉尼设计的邮政旅馆现状，
1930-1935

了大量的竞赛和设计，例如：科莫法西斯党部大楼（1932）、卡瑞塔幼儿园（1932）、湖边别墅（1933）以及在米兰的五座公寓。可以说，这个阶段，是特拉尼从"九百派"风格的影响向现代主义转化的重要时期。然而这个邮政旅馆却明显地带有古典风格，与早期的新科莫公寓产生了极大的反差。

舒马赫称这个设计为特拉尼"与行政美学的竞争"。与上次在新科莫公寓中特拉尼用"虚假"方案通过审批最后引发争论不同，这次从一开始，特拉尼就坚持现代主义风格。由于他所采用的混凝土立面以及悬挑结构都不符合分区制的法令以及规划委员会的要求。特拉尼先后一共提交了7个方案，但是被否定了7次。最终，特拉尼服从了委员会的意见，设计带有明显的"九百派"风格，以满足对于传统美学的要求。而事实上，这个风格只是体现在了外立面上，增加了线脚、壁柱、假拱券等装饰，整个建筑的功能分布几乎没有变化，室内布局也同样采用了特拉尼常用的核心走廊来控制和连接不同的功能区。在体量上则由方案中的6层降低为5层。

抛开最终的建成方案，从特拉尼的最终方案以及6次报批方案，总共7个设计（图4-15）中可以看出来，这座建筑延续了米兰五座公寓的思路，同样也表现了特拉尼在公共住宅设计中的特征。几个设计的建筑立面都表达了对于国际主义风格的探索，转角带形长窗的延续以及像抽屉一样突出的阳台等。报批方案一、二、三和五中，都试图表达同一个转角两个立面的水平延续性。特别是在方案五中，特拉尼试图以一种连续的转角阳台来

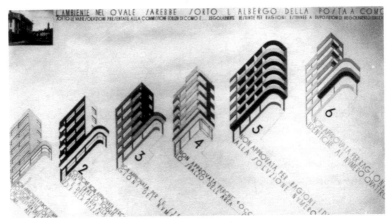

图 4-15 特拉尼设计过程中未能实现的方案，1930-1935

表达水平性，这就使得整个立面完全平整，方案更加抽象。这种手法与早期的新科莫公寓中的转角处理非常相似。方案四则是以纵向突出的转角体量，来表达垂直性。而在方案六以及最终实施方案中，特拉尼在转角处采用了突出的悬挑体量，并且在立面上形成了一个 L 形，这似乎是前两种尝试的一种结合，表达了对于水平性与垂直性平等的意图。遗憾的是，特拉尼的这些明显带有现代主义特征的种种尝试都未能实现。

　　除去在法西斯意识形态控制下的一些官方公共建筑之外，特拉尼所参与设计的公共建筑屈指可数。而最终能够建成的，只有"圣伊利亚"幼儿园一座。这是特拉尼在 1936 年，职业生涯晚期设计的一座公共建筑，也是最为现代的一座。这座建筑所体现出的是关于室内外空间的融合以及散步建筑的思想。

　　特拉尼在 1932 年设计的卡瑞塔幼儿园似乎可以看作是这个方案最初的想法。这是一个平面呈 L 形的两层建筑（图 4-16，图 4-17），与前文所述的邮政旅馆采用了相似类型的平面。幼儿园主体部分是微微的弧线体量，这在特拉尼的设计中也是非常罕见的。从平面中可以读出，主要的空间都面对着庭院并且对着庭院开放。临街的两边则是公共空间与走廊。虽然图中没有明确的功能上的标识，但是基本可以确定以转角处的大空间和入口处的长走廊将功能分为儿童活动室和公共、办公以及服务空间两部分，每一部分占据了一条边。这种手法几乎与特拉尼在住宅设计中的以走廊划分功能空间如出一辙。同时在这个方案中又体现出了科莫法西斯党部

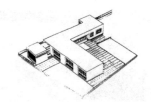

图 4-16 特拉尼设计的卡瑞塔幼儿园早期方案，
1932

图 4-17 特拉尼设计的卡瑞塔幼儿园后期方案，
1932

图 4-18 特拉尼设计的圣伊利亚幼儿园方案，
1936-1937

图 4-19 特拉尼设计的圣伊利亚幼儿园鸟瞰，
1936-1937

大楼最终方案中的用走廊连接空间的特征。室外的大坡道直接通向屋顶花园，与室内的楼梯连成游历的回路。屋顶花园提供给二层教室，而在一层从入口立面一侧的卧室到花园的变化是经过一系列逐渐增多的层级变化，过渡到开放空间的。这个空间的组织方式也是在后来的圣伊利亚幼儿园中所采用的，而这种外挂坡道的做法应该是源自勒·柯布西耶的。

这个方案最终由于基地问题搁浅了，而在 1936 年圣伊利亚幼儿园的项目得到了批准，并且在 1937 年 7 月建设完成（图 4-18，图 4-19），至今仍在使用中。

从一张特拉尼草图中可以读出院子是这个设计的主题：三条带形建筑体量围合了半封闭的一个院子，院子的开口对着一个小花园，中间是一条走廊。从草图中依稀可以看到环绕院子的窄长走廊连接了不同的功能空间，几乎与 1932 年的方案想法一致，或者说更像科莫的法西斯党部大楼，庭院是建筑的核心。只是在这个方案中，在中心正方形的控制下，平面关系更加舒展，并不像前者那样受到了严格的几何学控制。

第一阶段的方案，特拉尼充分利用了不规则的基地边界，增加了坡道、入口雨棚与办公用房。这种处理与 1934 年法西斯宫第一阶段中的方案一和 1937 年法西斯宫第二阶段方案很相似。这个方案比最终建成的方案相对复杂，空间相对自由。从图中可以看到建筑主体受到一个矩形的控制，或者说室内空间体量受到一个正方形的控制。从平面图中，可以看出走廊将室内外空间连成一体。在这个方案中，只设计了 3 个活动室，这

图 4-20 特拉尼设计的圣伊利亚幼儿园活动室立面，1936-1937

与 1932 年的方案一致，但是最终方案中增加了一个。一个中心带有天井
的巨大中庭，并且面对庭院。整体空间布局形成了一个 C 形平面，环绕
着中心的庭院。中庭连接着各个功能区，只有分离出去的办公用房是两层
的。通向屋顶的大坡道和入口雨棚都采用了弧形，从而强调了主入口的位
置。

　　而最终的方案像是第一阶段方案的简化版本。形体的控制上几乎没有
变化，只是放弃了主入口处的弧形雨篷。然而在空间布局上则有了一些调
整，取消了中心庭院一侧的室外走廊和中庭内的天井，一并归入到室内空
间，增加了室内使用面积。卫生间的位置发生了调整，使得孩子们的活动
室增加到了 4 个。这个变化使得活动室的立面变得均衡有节奏。经过调
整之后的平面，室内外的空间界限清晰了很多（图 4-20）。虽然走廊的面
积减少了，但是并没有改变建筑整体的路径。从流线上来说，这是特拉尼
最简单的一个建筑，因为只有一层平面（除去办公空间是二层）和屋顶花
园。也正是如此，空间中的等级关系并不像其他建筑那样清晰，而是通过
入口中厅和中央庭院分成两部分，就像科莫法西斯党部大楼中的一层平面
那样。

　　而特拉尼偏爱的形式组合，是对于矩形母题的变化，再一次出现在这
座建筑中，出现在不同层面的细部中。早期的方案显示了一个向两侧延伸
的正立面的体量，入口在正立面的中心，并且在室内走廊的轴线上。这个
中心线令人想起了科莫法西斯党部大楼的入口轴线，同时又暗示了科莫当

图 4-21 特拉尼设计的圣伊利亚幼儿园庭院，1936-1937

图 4-22 特拉尼设计的圣伊利亚幼儿园楼梯，1936-1937

地建筑的类型（图 4-21，图 4-22）。

　　这个幼儿园设计对于特拉尼来说，有着重要的意义。从墓地和纪念碑的设计开始，特拉尼就一直表现出对于水平性的思考。他在科莫的法西斯党部大楼中一度曾经想尝试一个完全水平的建筑物，但是由于用地的问题而作罢。事实上，圣伊利亚幼儿园是特拉尼唯一一个单层的单体公共建筑。空间的组织完全是在水平面上解决的。这个设计似乎又看到了密斯的乡村砖宅中的一些影子，用从主体中延伸出去的体量来强化水平性。

　　作为幼儿园建筑，这又是一个相对安全和隐秘的建筑。这个设计是清晰的、自由的。中心的部分是作为室内和室外的休闲娱乐空间。活动室一侧的下方，分割出了一个餐厅。主入口的另一侧是衣帽间和锁柜，有序的组织可以使得孩子们在进入大厅之前脱去衣服和泥泞的鞋子，然后进入到教室里。4 个教室自由地组织，如果需要的话可以合并成一个大的房间。每一个教室都有一个室外的带有混凝土框架支撑着帆布的遮阳棚露台。而服务空间和办公室则单独分离出去放置在一个二层的小体量中。在幼儿园设计中，室内和室外的联系是非常重要的，特拉尼的设计不仅做到了这一点，同时创造了一个内向的室外空间，使得孩子们的活动有了安全的保障。

从这一点上来说,这座建筑也可以被看作是向荷兰建筑师杜伊克(Duiker)致敬的作品,因为在功能组织上与后者在荷兰阿姆斯特丹设计的露天学校一致。尽管杜伊克的建筑是一个多层的而特拉尼的是单层的,但是这两座建筑的半露天概念都给予了小孩子们安全和开放的活动空间。

　　圣伊利亚幼儿园和科莫法西斯大厦一样,都表达了一个玻璃房子的概念。我们随处可见透明的墙和隔断。建筑的中心部分,提供了一个玻璃分隔,保证了视觉上的空间连续性,又有效地阻隔了噪声。这种隔断,一方面是表达了自由空间的概念,而另一方面则是通过这些隔断,对于建筑内部的流线做了清晰的界定。

　　邮政旅馆(过程方案)、卡瑞塔幼儿园以及后来的"圣伊利亚"幼儿园,实质上都是表达了特拉尼对于现代主义发展的一个新方向。这些设计也是特拉尼与欧洲的现代主义风格比较接近的建筑。

第二节　时代主题下的集合公寓

　　20 世纪 30 年代初期,对于特拉尼而言,一件重要的事情就是参加了第四次 CIAM 大会。而 1933 年 7 月召开的 CIAM 大会的主题是"功能城市"。这次大会处于"勒·柯布西耶个性的统治之下"。他有意识地把重点转到城镇规划。大会上对 34 个欧洲城镇进行了比较分析,从此产生了雅典宪章的条款。这些案例中包括特拉尼关于科莫的规划分析(图 4-23)。也正是通过这次大会,特拉尼开始走向了国际舞台。这次大会相比之前的几次,有了很大的变化,首先是摆脱了具有社会主义倾向的德语国家"新客观派"的统治,而转向了勒·柯布西耶领导下的"理性主义"观念。这种观念是建立在功能主义的基础上的。而"理性"建筑是特拉尼等人所支持的。这次大会是特拉尼设计居住建筑的推动力。

　　20 世纪 30 年代的意大利社会政治系统,还没有完全受到法西斯主义的控制,仍然是依靠街坊邻里、教区和城市的概念支持下的个人和家庭系统。而住宅单元的外延,包括政治的和建筑的层面,都是极为重要的。就像在德国魏玛时期,社区(Siedlungen)和住宅是极其重要的类型,特别是在 1929 年 CIAM 会议中所探讨的就是"最低生存的住宅"。对于意大利而言,它带着革命的胜利,进入了 20 世纪,城市资产阶级刚刚在意大

图 4-23 特拉尼在 CIAM 大会上作的科莫市
规划分析，1933

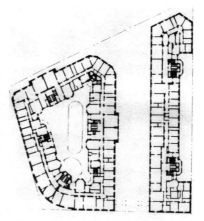

图 4-24 穆齐奥设计的卡布鲁塔公寓平面图，
1920-1922

利的核心城市成型，建筑师和他们的开发商竭力地拓展这个市场。此时，建筑和城市的形态就凸显出了重要的意义。因此，这个时期的意大利，面对的是与英国、荷兰或者法国不同的情况。

在当时的意大利社会中，住宅分为不同的类型。带花园的小住宅（villini）、公寓楼（palazzi）和郊外别墅（palazzine）是城市中产阶级的首选住宅类型。而工人阶级的家庭建立在高密度的点式住宅（high-density point blocks）或者间距较小、密度较高的板式公寓（intensivi）。富人居住在离城市中心比较近的地方，穷人生活在外围区域，无土地的居民住在乡下（borgate）。这种情况在重要的历史中心城市更为明显。直到20世纪，穷人和富人才开始住在相邻的地方。

随着工业的发展，不同的领域成为划分阶级的方式。在19世纪末期和20世纪早期，英美以及其他欧洲国家的住宅划分方式传入了意大利。而以府邸为象征方式形成的城市面貌拒绝了这些外来的住宅与城市的组织方式。20世纪初的时候，有一些花园城市项目在意大利城市的郊区建立，代表工人阶级的乡村住宅也建立起来。大部分建筑师在20世纪早期都接受过中产阶级的别墅设计的委托。随着复兴运动的开展，意大利主要城市的郊区都在蓬勃发展。甚至在1870年前，热那亚、那不勒斯、帕勒莫、都灵、罗马、佛罗伦萨和米兰都经历了空前的扩张。长长的、笔直的林荫大道，模仿古罗马的道路，在这些城市中均有出现。比如罗马的诺门塔纳大街（Nomentana）、米兰的塞皮奥尼大道（Corso Sempione）和扎拉大

图 4-25 穆齐奥设计的卡布鲁塔公寓外观，
1920-1922

图 4-26 日晷住宅，1924-1925

街（Viale Zara）都建设了重要的住宅。在建筑师和规划师的努力下，这些新建成的林荫大道，为国家建立了一个新的世界性环境。在小尺度的街道两旁是带花园的小住宅，这是一种多家庭的集合住宅，比府邸更小、更隐私，是首选的类型。这种小住宅是资产阶级的象征。

在一些城市中，比如佛罗伦萨、热那亚和那不勒斯，整个工人阶级住宅的周边是沿街和林荫大道的中产阶级的公寓楼。在米兰重要和豪华的住宅，像穆齐奥建在城市中心著名的卡布鲁塔公寓（Ca'Brutta）（图 4-24，图 4-25），使得街道面域增大，就像豪斯曼（Hausmann）时期的巴黎宫廷。临街道立面的重要性使得穆齐奥将一条街道以他的布置分成不同块。它提供了很多进入住宅的入口，因此，避开了长长的双向走廊，同时消除了公寓只是面向院落的问题。

与卡布鲁塔公寓一样，1924~1925 年米兰的朱塞普·菲内蒂（Giuseppe de Finetti）的日晷住宅（Casa delia Meridiana）（图 4-26）是一个 20 世纪 30 年代郊外别墅的重要先驱。运用"某种程度上传统的建筑元素连接块体和立面，很有特点"。这个建筑的块状垂直形态证明了完全可以将一个独立的建筑放入一个环境中而不破坏它，这是一个在战后时期受荷兰和德国建筑不成文的影响。

包括平民和法西斯统治者都怀疑社区开放的方式，它是魏玛共和国也是 20 世纪荷兰和捷克斯洛伐克的自由民主的象征。勒·柯布西耶的光辉城市（Ville Radieuse）倡导的开放性城市和希尔布莱莫（Ludwig

Hilbersheime）的幻想家住宅（Visionary projects）方案都受到了质疑。如果没有街道的话，怎么放置街道市场？人们在哪里散步或者喝咖啡？在米兰人想象的时候，这种交通的分离已经成为纽约人必须要做的了（在1960年号称经济奇迹的时期，机动交通工具充斥着米兰的街道）。尽管一些意大利的规划师在向 CIAM 所提倡的方向努力，但只有便宜和极小住宅在 CIAM 中开始构思并且尝试。那些开放的自由的住宅方案计划被放弃。对于下层社会的意大利家庭，并不能拥有一个独立的餐厅，这种将居住和餐饮联系在一起的住宅充分地利用了空间。

米兰继续扩张，并没有依照在二战后成为标准 CIAM 的精神向小块和开放空间发展，而是街道网络和私人建筑，开发者的法令是通过分区条例。一个由城市建筑师阿尔贝蒂尼（Albertini）提出的关于米兰的总规划在 1927 年到 1934 年间发展，在这个时候，发展的模式已经提出了，特拉尼和林格里开始了 20 世纪 30 年代早期的设计活动。阿尔贝蒂尼将建筑的最高高度从 24m 提高到了 30m，按照今天的标准仍是保守的。这个发展模式没有向后来的由在 20 世纪 30 年代都市生活和更多战后反城市生活之间的不同差异的法令屈服。战后，现代主义建筑师有了他们自己的方法，城市管理者、保险公司和大的发展公司掌控小区域大比例的发展。所有简洁的、密集的城市街区形态的外观都消失了。

在进入 20 世纪 30 年代后，林格里和特拉尼在 1932 年开始设计米兰五座公寓中的第一座时，距离穆齐奥的卡布鲁塔公寓建成已经差不多 10 年了，距离特拉尼的新科莫公寓也有 4 年之久了。大量的其他公寓楼和郊外别墅都已建成或者在建设中。尽管现代主义者们的成果仅仅占这些建筑很小的比例，例如，林格里、特拉尼、博托尼（Bottoni）、BBPR 小组的实例就很少，其他的都是在居住建筑的形式上给予深刻的影响以及战后对于郊外别墅类型的发展。

而林格里与特拉尼的实践应该是算作公寓楼这一类型而开展的。并没有受到意识形态的干扰，而是在走向理性主义建筑的过程中。这些公寓相对而言，分为两个阶段，一个是从 1933 年开始设计的吉利恩赫利公寓（Casa Ghiringhelli）、托尼内洛公寓（Casa Toninello）以及鲁斯蒂奇公寓（Casa Rustici）；另一个是从 1934 年开始设计的拉瓦扎里公寓（Casa Lavezzari）和鲁斯蒂奇 - 科莫利公寓（Casa Rustici-Comolli）。这五座建筑既有相关的一面，但是也体现出了一种相互转化的姿态。五座建筑中的每一个都对不同的城市环境提出了相应的解决办法。其中，鲁斯蒂奇公寓

图 4-27 吉利恩赫利公寓沿街外观，
1933

图 4-28 吉利恩赫利公寓转角外观，
1933

是最豪华、规模最大的公寓，由大理石铺面。而鲁斯蒂奇 - 科莫利公寓是最为朴素的，它是建在铁路用地附近的轻工业和居住的混合用地中。除了托尼内洛公寓以外，所有的公寓都坐落在非典型的用地中，或是在街区的尽端，或是在不规则的地块。托尼内洛公寓则是在一个 12m 宽的紧贴两座建筑山墙的用地里，这是当时意大利城市街区具有典型特征的环境。这种尊重周边环境及条件的方式，既是特拉尼所提倡的立足于意大利传统，又是源自于现代主义的要求。

在 1933 年设计并建成的吉利恩赫利公寓是最早的一座。它处在从高速公路到扎拉大道轴线的一端，是一个非常显著的位置（图 4-27，图 4-28）。它坐落在大道一侧的梯形地块上，进深很小。吉利恩赫利公寓的平面图看上去与新科莫公寓的平面类似，都是通过一条走廊将空间分为主要的和次要的，主要的部分面对街道从而获得最好的景观和朝向。由于基地是不对称的，因此，可以从平面和立面上看出差异，但是整体布局还是采取了新科莫公寓式的对称空间。

由于基地形状所产生的建筑形式是从中心部分向两边延伸，形成了钝角的体量，这种体量的连接是通过两侧的出挑阳台完成了过渡，这种处理手法是特拉尼常用的，在后来的鲁斯蒂奇公寓中也采用了；同时也是同时期的现代主义建筑师们普遍采用的方法。林格里和特拉尼在转角的处理上也类似新科莫公寓，都是根据基地形成了圆弧形的转角，同时，这部分体量上的变化也界定了底部商业与住宅的界限，这个界限与两侧的阳台形成的垂直界限、顶部的内凹阳台走廊一起形成了一个分离建筑主体的画框。这种处理方法使得建筑物的立面中央部分相对独立而突出，同时清晰地表达了传统的意大利建筑中的正面性与三段式。建筑主体又由突出的浅阳台空间形成了水平的三段式，体现了实—虚—实（A—B—A）的视觉表达。这种用突出的阳台来强调中心性的手法，是文艺复兴时期意大利宫廷建筑的普遍手法之一。

这种对于正立面的强调，几乎出现在了所有这五座米兰公寓中。舒马赫认为这是对于帕拉蒂奥式的威尼斯府邸的再现，威尼斯府邸就是通过出挑的阳台与对面的广场相呼应，而吉利恩赫利公寓中也是如此。特拉尼通过这种方式，形成了对于传统的沿袭。同时在立面上暗喻了传统建筑的法则。

托尼内洛公寓也是在 1933 年设计并建成的，是特拉尼的这五座公寓中地段最为特殊的，位于平行的两座建筑山墙的中间（图 4-29）。这是一种比较典型的城市条件，基地是一个条状的梯形，进深很大，托尼内洛公寓很好地对这个复杂的基地环境的建筑做出了回应。

建筑物与吉利恩赫利公寓相似，也是 A—B—A 的视觉表达，只是与其相反，形成了虚—实—虚的关系。由于两侧建筑山墙的控制，这种正面性表达得更加清晰。正面是一个五层的三段式体量，中间的部分向前突出。这种手法不仅出现在这两座公寓中，虚实的变换与体量的突出在其他几座（除了鲁斯蒂奇公寓中）公寓中，都有所体现。在基地后方，是一个低的体量，与周边建筑相呼应，前后体量之间是一个院子。一部楼梯引导人们去室外，到达阳台和单元的两侧，是一个 C 形建筑。

通过正面一侧的入口进入建筑，连接前后体量和主要垂直交通都集中在这一侧。这种偏向一侧的入口，类似于新科莫公寓入口的方式，在后来的科莫法西斯党部大楼中达到了极致。这种处理一方面打破了传统的正面性（这是一个有趣的思辨，特拉尼既在立面上保持了传统的正面性法则，又用小的手法来暗示现代性的存在，另一方面也隐现了特拉尼后期表现出的散步建筑的特征。

标准层平面（即 2~4 层）由一小段当作走廊的楼梯联系正立面的两部分单元，同时保证了左边的公寓厨房窗户的私密性。左右两户空间上相互咬合，左侧的单元形成 L 形，占据了正立面的两部分，面对街道；右侧的公寓是 T 形，贯穿了整个主体的进深，既可以看到街道也可以面对院子。

很多学者拿这个方案与勒·柯布西耶的普兰纳库斯（Planeix）住宅相

图 4-29 托尼内洛公寓临街立面外观，
1933

图 4-30 勒·柯布西耶设计的普兰纳库斯
住宅平面图，1927

图 4-31 托尼内洛公寓标准层平面图，
1933

　　比较，从基地环境、空间布局乃至立面，都体现着相似的概念（图 4-30，图 4-31）。而在舒马赫的书中，还特别提到了这座建筑在模度和复制上的思考。他所展示出的特拉尼的透视草图，关于托尼内洛公寓复制而形成的联排式住宅的想法，与勒·柯布西耶的想法"如出一辙"，但是勒·柯布西耶的想法已经在发表在 1929~1934 年作品全集中的莫利托门出租公寓（图 4-32）的方案中，是出于对机器时代大量复制的思考，特拉尼显然是受到了他的影响。这是一种对于城市典型环境的思考，而这座公寓也是特拉尼在米兰的五座公寓中唯一一座在典型地段的方案。这种复制思想在后来科莫的佩德拉里奥公寓中再次出现。托尼内洛公寓体现了一个典型的勒·柯布西耶式的模度以及虚实空间的构成。

　　拉瓦扎里公寓坐落在两条街道相交的夹角地段（图 4-33）。与吉利恩赫利公寓相反，这次是一个锐角的楔形地段。林格里和特拉尼顺应地段采取了二分的方式，几乎对称的，展示了两个相近的体量。这也是特拉尼第一座对应分区法则，而形成高度递减的公寓。他们将侧面的立面分成了 3 部分；第三部分的高度与相邻的建筑一致而形成了递减，并且他们将相邻建筑的视觉编码用在了自己的设计中，相对应地排列了窗户和阳台的高度，使得这两座建筑看上去像是一座建筑。

　　两侧的立面是源自同样的对称部分，从远端的两个高的部分到邻近的建筑。就像是缺了一个角的三段式，这两个立面的概念与吉利恩赫利公寓的正立面几乎如出一辙，只是虚实关系作了对调（特别是在舒马赫的研究

图 4-32 勒·柯布西耶设计的莫利托门出租公寓，
1933

图 4-33 拉瓦扎里公寓外观，1934-1935

中，将这个缺口补完，就形成了一个清晰的三段式立面）；出挑的混凝土折板阳台与中心的突出部分在同一平面上。

　　体量关系的处理与在吉利恩赫利公寓中的一样，采用了出挑阳台作为两部分体量的界线，在街角处形成了细长比例的实—虚—实的关系，入口在中心线上。同样是根据底层商业、住宅和顶部阳台的三段式组成。3 个公寓组团围绕着楼梯和电梯的核心组织，并且主要空间都面对街道，次要空间面对天井，这也是在吉利恩赫利公寓中采用的空间组织方式。由于基地的限制，拉瓦扎里公寓中体现的空间的紧凑和狭窄，都像是一种对于点式公寓住宅（palazzina）类型的尝试。这种点式的住宅在二战后的意大利主要城市得到了广泛发展。

　　鲁斯蒂奇 - 科莫利公寓应该说是五座米兰公寓中最为现代的一座，看上去也是最为抽象和复杂的（图 4-34，图 4-35）。它是一座建在混合用地的工人阶级住宅。同样是受到分区制的限制，公寓由面对大街的一座 7 层板楼和背后一座面对次要街道的 4 层体量相连组成。两个体量之间采取了在鲁斯蒂奇公寓中的透明连廊完成衔接。通过图片可以看出，这个连廊后面并不是院子，而是实体空间，形成了一个天井，从而使立面的层次更加丰富，完全没有采取三段式的意图。从这种手法可以看出，这个连廊似乎是美学上的需要，以形成视觉上的虚实转换，也用构成的方式完成了两个完全不同的实体之间的联系。

　　遗憾的是，没有找到关于这座建筑的平面图，无法将透视中所体现出

图 4-34 鲁斯蒂奇 - 科莫利公寓外观，
1934-1935

图 4-35 鲁斯蒂奇 - 科莫利公寓细部，
1934-1935

的空间复杂性进行分析，也无法与其他几座建筑进行比较。

　　鲁斯蒂奇公寓是特拉尼的米兰五座公寓中最为出名的一座，也是从设计到建成过程最为曲折漫长的（几乎最早设计，但最后一个建成）（图 4-36）。

　　建筑的地点在塞皮奥尼大道一侧，这是米兰一条重要的林荫大道。基地是梯形的，一般根据规划法则都会形成一个 U 形的闭合实体，围合中间的庭院，特别是在德国的住宅区中。而林格里和特拉尼由于反对这种封闭性而抵制这种方式，他们选择了一种开放性的设计方法，由两座面对面相互开放的矩形建筑体量组成，中间是一个通透的庭院，并且在其中一个体量中拉出一个与主体呈直角的塔状体量，一方面增加了建筑的深度，另一方面与梯形地段发生联系，取代用斜对角线的解决方式。罗格·舍伍德（Roger Sherwood）描述这个解决方法是：

　　　　一个对于现代住宅建筑如何与传统建筑形式发生关联的非常好的解
　　决方案。这个用地对于一个单体板楼来说太深太宽了。两个板楼就是一个
　　空间的、经济的解决方案。[1]

---

[1] 出自 [美] Thomas L. Schumacher. Surface & Symbol: Giuseppe Terragni and the Architecture of Italian Rationalism. New York: Princeton Architectural Press, 1991：219. 作者自译。

图 4-36 鲁斯蒂奇公寓正立面，1933-1935

　　面对大街的正立面主要是由阳台和透明连廊的混合体组成，使得最多的主要居住空间面对街道。正是由于这些连廊的设计，正立面被称之为"鸟笼子"。也正是这个立面以及体量组织的革命性设计，使得这个方案被当地的城市工程部门和建筑委员会 9 次驳回。这也是这个建筑最晚建成的直接原因。然而，实际上这个方案提供给所有的公寓充足的阳光和自然通风，立面在开敞与闭合之间交替转化，形成虚实关系对比（图 4-37）。

　　每一座板楼的标准层都是一层两个单元，底层则是三个。这些面对着塞皮奥尼大道的单元每一个都是围绕着入口门厅组织房间的。每一套单元的主要房间大都面对侧面的街道，而厨房、浴室等次要空间则是面对院子，这与特拉尼在米兰的其他公寓的方式一致。这些房间中的一部分可以从塞皮奥尼大道透过连廊立面看到。

　　此外，大理石在框架和立面中的应用是这个建筑立面重要的一方面。正立面实体部分几乎都装饰了大理石墙面，在东南侧，与正立面相连的角部采用了大理石，表达了两个相交面的一种过渡，之后是框架，在最后的与邻近建筑相连的部分又采用了大理石墙面，这种墙面—框架—墙面的关系以及角部连续性的处理手法与后来的科莫法西斯党部大楼的立面连接关系一致，似乎是源自鲁斯蒂奇公寓的。并且，这种连续性是不能在平面图上读出的（图 4-38）。

　　在西北侧，框架形成了阴角与高塔相连，突出的高塔覆盖了大理石墙面，似乎是在表达，这是从实体中拉伸而形成的。而舒马赫分析道：如果

图 4-37 鲁斯蒂奇公寓现状，1933-1935

图 4-38 鲁斯蒂奇公寓侧立面，1933-1935

图 4-39 鲁斯蒂奇公寓内庭院，1933-1935

我们想象高塔按照顺时针旋转 90°，而使得体块变平整，就形成了与相邻建筑连接部分是大理石墙面，那这个立面就和东南立面相似了。

尽管这些看似是一个表面的形式游戏，但是可以确定的是，建筑师思考这个立面是根据空间组织的，是根据人和居住的习惯而来的。

抬高的庭院形成了一个大台基，既可以与面向庭院的阳台发生联系，也可以透过连廊看到大街（图 4-39）。而从街道上看，透明的框架结构暗示了内部虚空的存在，在这一点，后来的科莫法西斯党部大楼的立面处理手法与它非常相似。

如果再次和威尼斯府邸相对照，与特拉尼的其他几座公寓一样，鲁斯蒂奇公寓的总平面是与威尼斯府邸类型一样的开放庭院；两部楼梯与威尼斯府邸中的位置一样。鲁斯蒂奇公寓的院子以精确的尺寸与体量相连。只是鲁斯蒂奇公寓中是以双排房间代替了威尼斯府邸的单排房间。那些水平的透明连廊看上去就像是在威尼斯府邸立面上的束带一样，控制了建筑立面的层次，形成了一种叠加而产生的模糊性。弗兰姆普敦评论说：

> 正面互相平行的直线所形成的空隙或物体，像从某一给定视点逐步后退的图像平面。[1]

[1] 出自 [美] 肯尼斯·弗兰姆普敦著 . 现代建筑：一部批判的历史 . 张钦楠等译 . 北京：生活·读书·新知三联书店，2004：230.

图 4-40 佩德拉里奥公寓临街立面外观，
1935-1937

图 4-41 佩德拉里奥公寓主入口现状，
1935-1937

图 4-42 佩德拉里奥公寓预制混凝土阳台，
1935-1937

  鲁斯蒂奇公寓不仅是一个传统的米兰的城市规划和现代主义的规划设计法则的混合物，而且它创造了适合于人们生活的空间。

  1937 年，特拉尼在科莫完成了佩德拉里奥公寓（Pedraglio Apartment House）的设计，并最终建成。佩德拉里奥公寓也是处于两栋原有建筑之间的基地中，并且与其中一座建筑共用山墙，用地条件有点像米兰的托尼内洛公寓，只是基地的进深稍微小一些（图 4-40，图 4-41）。公寓的平面非常简单，每一层都有两套从前到后的单元，每一个单元都有核心走廊和简洁的卧室空间。这也许是特拉尼创新最少的平面，然而他更多的创新用在了现代技术上：阳台和立面都是在意大利第一次运用了预制混凝土单元（图 4-42）。

  并且与托尼内洛公寓一样，在这个设计中，特拉尼也继续尝试着关于复制的想法。很快特拉尼就得到了机会——在没有之前的城市街道和小系统限制的情况下进行住宅设计。

  这种对于住宅系统的复制，与 CIAM 所提倡的大批量生产住宅以及对于城市密度的思考是分不开的，而复制则是这个机器工业时代最好、最有效的解决方式。在建筑学意义上的复制则是依赖于混凝土预制构件的大规模运用。

  如果说在 1934 年的 CIAM 大会上，特拉尼所呈现的科莫城市规划还只是一个宏观的对于传统意大利城市肌理的再现，那么在 1938 年特拉尼在科莫附近的雷比奥地区所作的卫星城住宅区则体现了大量现代 CIAM 方

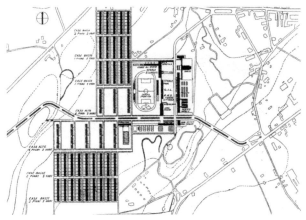

图 4-43 特拉尼设计的工人区卫星城规划总平面图，1938

针与主导思想。特拉尼设计了一个现代主义的没有小尺度的街道和广场的郊区住宅，所有的建筑都朝向一个基本方向，这不仅体现了在那个时期先锋派们狂热倡导的深入人心的 CIAM 精神，同时也很好地再现了前文所述的古罗马城镇规划系统。整个规划就像是一个几何体一样被嵌入到城市环境中。特拉尼采用了预制混凝土板的联排住宅，用来获取最好的日照与通风条件。

卫星城的规划是以一条位于雷比奥地区中心的宽大林荫大道为轴线，位于干道两侧的是一座法西斯大厦、一所学校、一座幼儿园和一座室内市场以及垂直于大道的高层联排住宅。两侧依次排开的是低层的高密度联排住宅（图 4-43）。轴线的尽端是一座教堂，与位于轴线始端的法西斯大厦的高塔遥相呼应。同时，在住宅类型上，特拉尼也作了许多尝试，他提交了多个 2 层、3 层和 6 层的板式联排住宅设计。事实上，整个规划所体现出的是一种根据等级排列而形成的秩序，或多或少地带有一些形式上的表达，这就带有了明显的法西斯主义色彩。

在联排住宅的设计中，也与特拉尼先前的方案有所不同。预制单元都由纵墙承重，并且分布均匀，几乎都是由一个卧室和一个起居室的单元构成（图 4-44）。在楼梯间部分采用了只有一个卧室的小单元。每一个单元门前都有一个走廊，再由一条通长的大走廊连接起来，就像它们处在一条街道中，背面则是一个突出的阳台。而对于楼梯间位置的小单元来说，是一个内凹的阳台，没有入口前的走廊，通过楼梯间直接进入，这使得大小

125

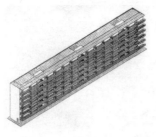

图 4-44 工人区联排公寓，1938

ALLOGGIO TIPO

图 4-45 工人区联排公寓户型，1938

单元在水平面上产生了变化。这种通过调整高差来进行空间层次组织的手法，是特拉尼的主要特征。同时，这种变化也使得楼梯间的位置在立面上得以显现。就这样，特拉尼采用了严谨的预制单元，精心地组织了一个经济的、紧凑的平面空间。并且在入口小走廊的形式上，采用了大约是源自于地中海文明的希腊岛屿中的聚落（图 4-45）。

帕加诺非常欣赏这个方案，他在《美宅》上热情洋溢地宣传这个卫星城方案，这是他所知道的特拉尼做的最大项目。帕加诺认为这个项目表现了现代主义的"真正价值"，就像 12 年前特拉尼所作的新科莫公寓宣称了现代主义出现在意大利一样，是一个里程碑式的方案。事实上，这个方案表现了特拉尼对于什么是公共住宅的真正需要的问题的探索，他认为应该是一个卫生的、整齐的居住环境，并且可以让那些仍然将自己安置在科莫的历史中心的中产阶级们，能够安心地移出城市并且居住在郊区的一个规划。

在完成了卫星城的规划之后，特拉尼还尝试着在科莫市内设计低造价公寓。这就是在科莫老城边界之外，在圣伊利亚幼儿园附近的低收入者公寓。在恩扎尼（Anzani）大街一侧的一个典型的城市区块的规划肌理中，两座相互平行的联排式公寓，中间让出了一块半私密的花园。这两座公寓一座是 3 层单坡建筑，另一座为 5 层的平顶建筑，这也许反映了区域规划法令的要求。这个项目延续了现代结构技术的水平性。前者的单坡的屋顶和传统的百叶窗给予建筑一些地域性特点，在立面的走廊和走廊中垂直的柱子使建筑融入了科莫的传统文脉中。而后者则看起来更像是雷比奥卫星城中的公寓设计的"变体"。

1939 年特拉尼接到了一个位于科莫的集合公寓的委托：朱里亚尼 - 弗里杰里奥公寓。这座建筑成为他最后一座建成并且非常重要的建筑（图

图 4-46 朱里亚尼 - 弗里杰里奥公寓转角一，
1939-1940

图 4-47 朱里亚尼 - 弗里杰里奥公寓转角二，
1939-1940

图 4-48 朱里亚尼 - 弗里杰里奥公寓北立面，
1939-1940

图 4-49 朱里亚尼 - 弗里杰里奥公寓入口，
1939-1940

4-46 ~ 图 4-49）。雷纳·班纳姆（Reyner Banham）描述这座建筑为：

> 这是意大利战后建造的几千座廉价的郊区住宅的先驱，但是它的存
> 在使得其他后来者都变得暗淡无光。[1]

这个委托是特拉尼在参军之前接到的，同时也是最近 5 年里最大的
一个委托项目。特拉尼在离开科莫去往前线之前作了大量的准备工作和草
图，而大量的设计和后续工作都是他在部队时完成的。这座建筑应该算是
他和助手朱科利共同完成的。特拉尼定期给朱科利邮递图纸，并由朱科利
完成了最终的图纸并且监督施工。朱科利回忆说："那时候，我要尽可能
地在特拉尼有限的图纸中理解他的思想和意图，并且付诸实施。尽管这样
做是很难的一件事情……"

---

[1]　出自 [美] Thomas L. Schumacher. Surface & Symbol: Giuseppe Terragni and the Architecture of Italian
Rationalism. New York: Princeton Architectural Press, 1991：251. 作者自译。

1941 年，在这座房子建成之后不久，特拉尼的前合作者林格里参观了这座建筑并且认为：

> 他（特拉尼）在这座房子里所采用的概念，足够设计 40 栋建筑。[1]

林格里的理解是出于在这座建筑中所体现出的令人难以置信的复杂性。特拉尼再一次在建筑设计中使用了 4 个截然不同的立面，完成了一个意想不到的形式组合。一些评论家批评这个建筑的立面有些过于精细，太复杂且不清晰。可是在特拉尼的建筑中，立面阅读的模糊性是特拉尼惯常的表达。如果说这个建筑要以细部的方式来展示一些不确定的特征，那也许是要归因于建成的方式，朱科利要从这些来自于不同军事地点的草图和图纸上尽可能地理解特拉尼原初的概念。

朱里亚尼 - 弗里杰里奥公寓坐落于科莫湖西边，与大约 15 年前的新科莫公寓在同一条大街上，在这块地开发之前，两个面对面的建筑横跨了一块草地。这并不是一个复杂的城市环境。建筑物的 4 个立面分别面对着 4 条城市道路，这就使得建筑物相对独立，拥有 4 个不同的视点。南立面面对着罗塞里（Roselli）大街，也就是原来的马尔塔（Malta）大街，北立面临着西尼加里亚（Sinigaglia）大街，西立面朝向普拉托·帕斯科大街（Viale Prato Pasque）。

朱科利回忆了当时的情况，在那个缺乏钢铁的年代里，这种状况限制了这座建筑在当地分区制允许下的尺度和高度。为此，特拉尼很快决定采用混凝土剪力墙结构体系，这允许了在一层有尽可能大的服务和商业空间。散步建筑的思想运用在这座建筑中，使人想起了先前的但丁纪念堂和园艺师比安奇别墅。这座 5 层的建筑含有 3 个标准层，每层都包含了 3 个独立的居住单元，用背立面（也就是东立面）的一个长走廊形成一个垂直的循环。

与大部分特拉尼的建筑一样，这座朱里亚尼 - 弗里杰里奥公寓的设计图显示了一个苦心经营的缓慢转化的过程。特拉尼从一个相对简单的想法开始，反复地修改和控制，直到达到了一个空间组织与形式表现协调的组合，这是一个建筑学的重要方法。一张早期的方案草图显示了一个几乎是

[1] 出自 [美] Thomas L. Schumacher. Surface & Symbol: Giuseppe Terragni and the Architecture of Italian Rationalism. New York: Princeton Architectural Press, 1991：252. 作者自译。

正方形的平面，并且在空间组织上与最终方案几乎一样：3 个住宅单元，剪力墙结构体系和不同标高的走廊。这种高差控制了南边的公寓稍微低一些。这个不同高度的实际意义是在由走廊连接的相邻房间之间有一个不易被察觉的层的叠加，就像在米兰的托尼内洛公寓中一样。

从彼得·艾森曼的研究中，我们可以看到特拉尼在后期 4 个阶段的平面转化过程。而这些方案也都无一例外地采用了混凝土剪力墙结构。4 个方案看上去非常相似，其中的概念更是基本相同。空间上都是四道平行墙体限定的三组空间，对应着标准层的 3 个独立单元。在流线上都体现出了散步建筑的想法。只是方案二中似乎没有电梯。4 个方案都体现了利用双跑楼梯来营造高差从而使南北的单元所处的水平层不同。方案一和方案二体现了根据楼梯而产生的二分之一层高的高度差；而方案三和方案四则是结合了电梯，利用半跑楼梯的一半形成了二分之一层高的高度差。虽然看起来结果是一样的，但是后者形成了更为丰富的路径，即每户都要经过一小段踏步才能到达室内，这就丰富了空间组织，使得建筑更为复杂，路径更有趣味性。事实上，通过这 4 个方案平面图的比较，很容易看出来，从方案二开始，整个建筑的空间关系就定了下来，包括楼梯、阳台、走廊的位置都没有大的变化。而是在流线、高差以及内部空间划分上进行了反复的思考和修改。我们可以看到，从方案一中只有一个阳台的出挑，发展到最终建成方案中丰富的出挑和内凹的空间关系形成的一系列浅空间，都为立面中所体现出的复杂性创造了真实而必要的条件。因此可以说，特拉尼的这个设计，与以前的一些设计有所不同，并不是会提出不尽相同的几个方案，然后进行选择、深化，而是几乎最初就定下了方案的形态，通过不断地反复修改和深入，最终形成了一个复杂的、模糊的空间组织。这不仅是特拉尼设计手法成熟的体现，同时也暗示了在一个不受到意识形态控制的方案设计中，给予特拉尼足够自由的时候，他对于现代性执着的追求，而不是像一些方案中表现出的那种谄媚式的让步。

朱里亚尼 - 弗里杰里奥公寓最终方案的平面是紧凑而有效率的，渗透着一些细微的空间组织的思想，比如在标准层南端面对罗塞里大街的一侧是最大的居住单元，一个有 3 个卧室的单元。单元中 L 形起居室 / 餐厅空间与服务空间的结合，成为了战后普通公寓平面组织的常用方式。北部尽端是第二大的居住单元，也拥有 3 个卧室，角部的房间可能是一间学习室、餐厅或者卧室。在标准层的中部，与北侧单元的层高相同，是一个有 2 个卧室的单元，这个单元被隐匿在外部走廊与阳台之间，它们要通过长

图 4-50 朱里亚尼 - 弗里杰里奥公寓一层平面图

图 4-51 朱里亚尼 - 弗里杰里奥公寓二层平面图

图 4-52 朱里亚尼 - 弗里杰里奥公寓三层平面图

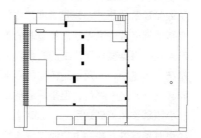

图 4-53 朱里亚尼 - 弗里杰里奥公寓四层平面图

走廊进行通风或是观看室外，这也是一个在走廊上的小厨房阳台。这种处理空间的手法与在米兰的鲁斯蒂奇公寓中的一样。这样的布局从立面中很难直接读出。整个平面表达出了这样的一种流线：我们从电梯中走出，下四阶踏步来到走廊，并且通向南端的单元，或是上升四阶踏步进入北侧或中部的单元（图 4-50 ～ 图 4-53）。

这座建筑建成之后，特拉尼设计的立面不仅体现了复杂性，同时表达了很多设计思想。班纳姆描述这个外形是"一个类似里特维德设计的施罗德别墅那样，有着翘起的遮阳板和突出的阳台框架的时髦尝试"。就像早先的科莫法西斯党部大楼，每一个立面都试图表达关于建筑的内部空间或者与背景相关联的不同故事。如果说在法西斯党部大楼方案中，特拉尼是尝试着在立面上进行内部空间的阅读，从而表达出法西斯主义"透明"的精神象征的话，那么在这座建筑中，这种阅读则体现得更加精致与复杂，而且这是一次脱离了意识形态控制的，单纯对于现代性的表达。

面对马尔塔大街的南立面（图 4-54）具有最公共和开敞的阳台，并且在立面中表现出了一种重复性。在最终建成的方案中，这个立面表达了一个三重阅读，左侧是一段作为实体的白墙，与中间的三部阳台和右侧突

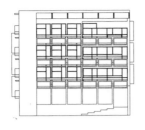

图 4-54 朱里亚尼 - 弗里杰里奥公寓南立面图　　　　图 4-55 朱里亚尼 - 弗里杰里奥公寓北立面图

出的三部阳台一起构成了一个三段式的立面阅读。但是如果单纯地从虚实关系的构成角度看，又是一个类似于科莫法西斯党部大楼正立面的表达方式，并且是表达了向右偏移的动态。然而，作为这两种阅读，有一个共同点，那就是这种立面的阅读并没有暗示出平面图南端的任何空间划分。在这个立面后面的是卧室、浴室、起居室等功能空间。朱科利曾经在他的文章中引用了"失常"这个词来表达特拉尼并不热衷于功能主义。我们也能够通过这个模棱两可的表达看出，对于特拉尼而言，立面的统一性是优先于功能问题的，另外，这种模糊性所带来的误读似乎也是特拉尼在这座建筑中反复用到的手法。

西尼加里亚大街一侧的北立面（图 4-55），视觉上体现了一个向左偏的体量控制，这就与另一侧的南立面形成了潜在的节奏上的对称。直到最后的变更，这个立面几乎是一个平面的，最明显的特征就是整齐的带形长窗。同样，这样看似国际式的风格，也无法直接地进行内部空间的阅读。北侧立面也保持了一个垂直的三段式。

面对普拉托·帕斯科大街的西立面（图 4-56），作为唯一一个临街的长立面，清晰的三段式暗示了内在的剪力墙结构体系。表面的阅读传达出了平面空间中 3 个独立单元的关系。这 3 个相等的部分，对应着不同大小的居住单元，左侧和中间的部分都包含一个进深较大的阳台，这就使得这两部分体现出了一种贯通和延伸的趋势，因此建筑立面也可以读出 A-A-B 的节奏。这个界线，刚好就表达了位于南端的单元抬高的特征。特拉尼将这两种三分的表达方式在科莫法西斯党部大楼的正立面以及 1933 年湖边别墅的正立面中都曾经使用过。由于普拉托·帕斯科大街这一侧的立面是朝向西边的，因此特拉尼和朱科利发明了一种用钢爪连接雨篷和纱窗的电动遮阳系统，就像在塞诺比奥的卡塔尼奥公寓（Cesare Cattaneo）中采

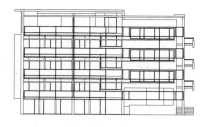

图 4-56 朱里亚尼 - 弗里杰里奥公寓西立面图

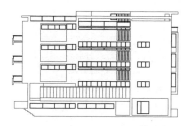

图 4-57 朱里亚尼 - 弗里杰里奥公寓东立面图

用的一样。后来朱科利回忆道：

> 这个纱窗并没能有效地控制和阻止阳光，并且现在已经不再使用了。
> 但是这组系统的金属框架却成为了一种立面的"装饰"。[1]

与科莫法西斯党部大楼的西北立面阐释了丰富的建筑句法类似，朱里亚尼 - 弗里杰里奥公寓面向小巷的东立面也是最为复杂的一个，是最具有启示意义的（图 4-57）。彼得·艾森曼更进一步阐释了两个建筑的相关性，他认为：

> 窗洞特别的尺度和布置……，可以看出是与科莫法西斯党部大楼中面对佩西纳大街的西北立面有着相似的意图。例如，明显的三段式布局和窗户的布置显示出了一个潜在的网格系统。[2]

朱里亚尼 - 弗里杰里奥公寓的结构框架的垂直构件隐藏在不同的表面后面；水平线，除了阳台的位置显示了独自悬挂的带形窗。彼得·艾森曼对于朱里亚尼 - 弗里杰里奥公寓立面的解读是敏锐而独特的。他描述它们为一个模糊的阅读，而暗示了更多更深层次的解释：

> 到达这个不明确的层面……特拉尼被迫去掩饰，通过控制立面，与

---

[1] 出自 [美] Thomas L. Schumacher. Surface & Symbol: Giuseppe Terragni and the Architecture of Italian Rationalism. New York: Princeton Architectural Press, 1991：258. 作者自译。

[2] 出自 [美] Thomas L. Schumacher. Surface & Symbol: Giuseppe Terragni and the Architecture of Italian Rationalism. New York: Princeton Architectural Press, 1991：260. 作者自译。

图 4-58 朱里亚尼 - 弗里杰里奥公寓
东北转角关系

图 4-59 朱里亚尼 - 弗里杰里奥公寓
西南转角关系

室内的情形相对应。换句话说，是推动一个概念上的解释，找到直接读出
内外关联的必须的解读。这样打破已经建立的现代运动的法则应该被看作
是有目的的。[1]

　　就像艾森曼分析的那样，朱里亚尼 - 弗里杰里奥公寓的东立面与室内
有着最为直接的联系。东立面好像一个薄弱部分：它们很少有保护，内部
空间组织都是暴露的，但是它们通常又是最复杂的。特拉尼给予这个小巷
一侧的立面展示室内空间的样子。3 个住宅单元表现为平均的分割；不同
的层高表现在立面上；楼梯通过特殊的百叶窗显示在墙体表面上。这些组
织是由自己的法则决定的，这些源自于矩形的叠加暗示的建筑平面和两部
分三分的手法，都是特拉尼对于垂直表面的典型处理手法（图 4-58，图
4-59）。

　　艾森曼继续他的分析，并且解释了这座建筑和法西斯党部大楼之间的
一个重要不同点：

　　　　尽管在科莫法西斯党部大楼中，概念上的结构是通过实体和网格结
　　　构的辩证关系实现的，而朱里亚尼 - 弗里杰里奥公寓是通过实体与一系列
　　　平面之间的辩证关系实现，并且相应压制了网格和水平带状的解读。[2]

[1]　出自 [美] Thomas L. Schumacher. Surface & Symbol: Giuseppe Terragni and the Architecture of Italian
Rationalism. New York: Princeton Architectural Press, 1991：260. 作者自译。

[2]　出自 [美] Peter Eisenman. Giuseppe Terragni Transformations Decompositions Critiques. The
Monacelli Press, 2003：265. 作者自译。

图 4-60 特拉尼设计的塞本内别墅早期方案，
1925-1926

图 4-61 特拉尼设计的塞本内别墅草图，
1925-1926

图 4-62 特拉尼设计的 1932 年湖边别墅轴测图

第三节　作为现代性探索的小别墅

　　特拉尼为数不多的小别墅设计就像他早期的墓地和纪念碑设计一样，似乎都是作为一种空间与手法的尝试。但是与勒·柯布西耶不同，一方面，勒·柯布西耶大量的小住宅项目成为他的建筑范式的研究，另一方面，也成为他的 4 个建筑模型的实践产物。而对于特拉尼，则是作为一种设计思想的延续（未建成）或者体现（建成），特别是在 1936 年之后，第二次世界大战的爆发，使得建设需求锐减，因此，特拉尼晚期的建筑思想也都体现在了为数不多的几个小规模项目中。

　　除去 1925 年的塞本内别墅（Villa Saibene）设计方案（图 4-60，图 4-61），特拉尼所设计的小别墅都是现代主义的。早期的小别墅设计是 20 世纪 30 年代初期开始的科莫湖边别墅（Villa Sul Lago di Como）系列。这个主题的设计一共有 3 个不同的方案，分别是在 1932 年、1933 年以及 1936 年设计的，后两个分别参与了当年的米兰三年展，其中 1933 年的设计在当时建成了（后来不知什么原因被拆毁）。因为业主是一位艺术家，所以又称为湖边艺术家住宅（Casa Sul Lago per L'Artista）。

　　1932 年湖边别墅的方案是一个空间组织得非常紧凑的 4 层建筑（图 4-62）。面对湖景的方向安排了主要的居住空间，另一边则集中分布了服务空间与交通空间。特拉尼将侧立面作为主要的入口，室外走廊与平台起

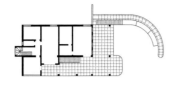
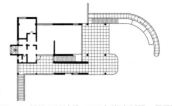

图 4-63 特拉尼设计的 1932 年湖边别墅一层平面　　图 4-64 特拉尼设计的 1932 年湖边别墅二层平面

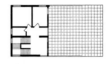

图 4-65 特拉尼设计的 1932 年湖边别墅三层平面　　图 4-66 特拉尼设计的 1932 年湖边别墅四层平面

到了重要的作用，形成了一个环绕湖景的散步建筑。从侧立面沿楼梯进入二层平面的走廊，就转向了湖面，进入面对湖景的起居室，一部连接室内外的楼梯将我们带入三层，接着转到一部双跑楼梯，向上进入到顶层，进入空间的时候，我们再一次透过室外平台看到了湖景。这实际上是一条围绕住宅核心空间的路径，同时以湖景为借景使得这个游历过程不断地呼应主题。特别是平台还与建于水中的一道弧形的小水坝相联系，使人可以沿平台走向湖面，形成了一个属于小别墅的港湾（图 4-63~ 图 4-66）。

　　1933 年湖边别墅是给一位艺术家设计的，从时间上看，这座建筑是特拉尼在意大利建成的第一个独立建筑（除去墓地设计）。虽然这座建筑也是湖边的别墅，但是没有像 1932 年的设计那样和湖面发生深入的关联，看上去似乎是独立于环境之中。因此，也是这系列的 3 个设计里最为国际主义的一个。由于功能上的需求，这座建筑与其他的别墅设计有所不同，特拉尼将艺术家的工作空间与主要的起居、服务空间脱开，因此两部分空间之间就依靠一个架空的平台相联系，又好像一个有顶的庭院，并且在二层，这个平台转化为屋顶花园。室内功能组织与 1932 年的方案类似，面向湖面的方向布置了主要的起居空间，另一侧是服务空间，交通空间居中，作为两者的分界线（图 4-67，图 4-68）。虽然整个住宅的平面是由住宅和工作室独立的两部分组成的，但是在正立面图纸的阅读中却很容易因为立面的虚实关系而误读成三部分，只有在立面加入阴影后，体量的关系才变得清晰起来（图 4-69），而背立面则清晰地表达了内部的空间关系（图

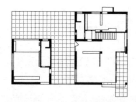

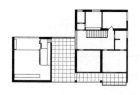

图 4-67 特拉尼设计的 1933 年湖边别墅一层平面　　图 4-68 特拉尼设计的 1933 年湖边别墅二层平面

图 4-69 特拉尼设计的 1933 年湖边别墅正立面模型　　图 4-70 特拉尼设计的 1933 年湖边别墅背立面

4-70）。这种误读似乎是特拉尼有意造成的，因为在后来的工作中，特拉尼明显地转向了对于体量的模糊与表面的叠加关系的研究，特别是在科莫法西斯党部大楼和朱里亚尼 - 弗里杰里奥公寓的立面表达中。而在这个住宅中，导致这种模糊性存在的重要部分就是二层的阳台，屋顶花园的框架导致从湖面看的立面形成了三个跨度，其中两个是实体而花园是虚空，而二层带状阳台的出现导致了实体部分的后退形成视觉上的虚空，从而导致了这种体量误读。而在特拉尼后来的设计中，阳台是重要的表现元素。

在参加了米兰三年展后，特拉尼在《美宅》上发表了这个设计。特拉尼认为他的设计是基于"居住"的思考的：主要的房间都有很好的采光、平面的功能分区和组织以及面对湖景的开窗处理都是首要的条件。特拉尼在文章中说道：

> 这座艺术家住宅是为一个充满智慧的、愿意尝试现代生活的人设计的房子，他的生活和工作环境是开放的、简洁的。[1]

这个项目最终在展览上获得了好评，也将这位来自科莫的意大利建筑师带入到了欧洲建筑的前沿阵地。

[1] 出自 [美] Thomas L. Schumacher. Surface & Symbol: Giuseppe Terragni and the Architecture of Italian Rationalism. New York: Princeton Architectural Press, 1991：98. 作者自译。

图 4-71 特拉尼设计的 1936 年湖边别墅透视图

　　1936 年湖边别墅设计，是这个主题的最后一个方案，同时也是最为复杂的一个。与 1932 年的方案一样，这个设计也是一座 4 层建筑。然而这个设计与前两个不同的是，特拉尼不仅仅只是用对景或者观景路径来与湖面发生关系，而是采用了象征性。从这个方案中，很容易看出特拉尼的用意在于表达一个船形的隐喻。这比在新科莫公寓中所体现出的船形隐喻更恰当一些，是一个带有围绕着居住空间的散步甲板和一个踏板一样的入口平台的建筑，而新科莫公寓则是源于勒·柯布西耶的《走向新建筑》中对机器的赞美和特拉尼对于现代性的探索。然而在这个方案中，更多地体现出的是对于勒·柯布西耶的新建筑五原则的实践。

　　这是特拉尼第一个采用墙柱分离的设计，也就意味着空间得到了最大化的自由（图 4-71）。架空的平台下面的一层空间是停车场、佣人用房和服务空间，二层是主要的生活空间，包括室外环绕的散步平台、起居室、餐厅等，并且弧线墙体围合的起居空间打破了圆柱限定的网格，形成了私密和公共空间的分离。通过大厅里的楼梯上到三层，这是主要的卧室层，可以通过一条斜向的楼梯通向阳台，在阳台上是一部楼梯通向屋顶花园（图 4-72）。这样的一个空间结构，让我们不得不想起勒·柯布西耶 1931 年建成的萨伏耶别墅（Villa Savoye）。在空间布局上两者几乎一致，并且同样是表达了对散步建筑的理解。勒·柯布西耶的萨伏耶别墅是一个解释他对于散步路径的想法的建筑。在这座建筑中，所体现的是在体量内部的路径关系，并且勒·柯布西耶所创造的是一条仪式般的路径，在坡道不断上升并且回转的过程中游历空间，人们所体验的是对于潜在的文本——新建筑五原则的一种物化的经验。从某种意义上说，勒·柯布西耶提出的"底层架空、自由平面、自由立面、带形长窗、屋顶花园"的五原则本身就是自下而上的，特别是萨伏耶别墅的路径终点是屋顶弧线隔墙中心的条窗，那

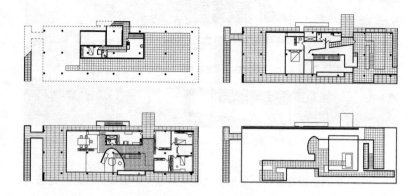

图 4-72 特拉尼设计的 1936 年湖边别墅各层平面

么这种路径就是对于新建筑五原则文本的一种叠加。而特拉尼的散步建筑中的路径往往体现出的是一个环路，即人们通过一段历程之后最终回到原点的循环。它并没有像勒·柯布西耶那样严格地定义路径，而是相对自由的。这种概念的最基本要求就是有两个以上的出入口。这就与勒·柯布西耶的单向的仪式性路径有所不同。如果说勒·柯布西耶的散步建筑是对他的建筑概念文本的体现，那么特拉尼的散步建筑则是叠加在某一个历史文本上的。就这栋别墅而言，则是出于对科莫湖文本的叠加。像踏板一样的楼梯、甲板一样的平台、船舰一样的栏杆……这些都是科莫湖周边常见的元素。在特拉尼的设计中，最典型的就是后来的但丁纪念堂方案，其他的诸如曼布雷蒂墓地等也都体现了相似的叠加。

随着第二次世界大战的爆发，意大利国内建筑市场大幅度萎缩的情况下，特拉尼幸运地先后得到了两个小别墅项目，并且都付诸了实施。其中一座是为园艺师阿曼多·比安奇（Amadeo Bianchi）设计的别墅（Villa for the Flower-Grower Amedeo Bianchi）；另一座是特拉尼为表兄安杰洛·特拉尼（Angelo Terragni）在家乡塞维索设计的比安卡别墅（Villa Bianca）。这两座别墅都在 1936 年到 1937 年间完成。

与 1936 年的湖边别墅类似，园艺师比安奇别墅也体现出了勒·柯布西耶的影响。事实上早在 1936 年特拉尼就为比安奇设计了这个住宅的方案，第一个方案的立面明显看出了勒·柯布西耶的萨伏耶别墅的影子，特别是长向立面，几乎包含了萨伏耶别墅的所有特征（图 4-73）。从平面上

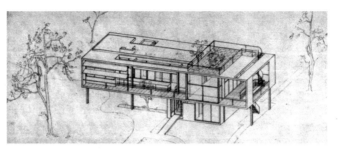

图 4-73 园艺师比安奇别墅第一个方案，1936

图 4-74 园艺师比安奇别墅外观，
1936-1937

图 4-75 园艺师比安奇别墅现状，
1936-1937

阅读又很像同期设计的湖边别墅方案。这个方案也体现出了室外平台与室内空间的融合，通过不同的路径将室内外以及屋顶花园进行联系。然而这个方案并没有得到比安奇的认可，他接受的是特拉尼之后设计的方案（图4-74，图 4-75）。

　　最终的方案对面积进行了大幅度的削减，从而体现了特拉尼对于平面和体量的控制以及局部的对称性和正方形与黄金分割矩形的尝试。特拉尼在正立面和侧立面之间做了一个有趣的尝试，临街立面的阳台外采用了一个巨大的框架，并且向左偏移，就像是在实体的立面外进行了一个虚空的复制，然后进行滑动。这种对于矩形和正方形的滑动与叠加的手法是特拉尼的晚期作品才有的，一方面特拉尼给予了实体空间与外部阳台空间以严格的界限，使两者相互独立；另一方面这种滑动所造成的不对称性，强调了主入口楼梯的位置。并且使得建筑体量呈现出了两侧的出挑平台空间和走廊围绕在实体外，这与后来的但丁纪念堂方案的图解非常相似。同样，这座别墅也体现了一条环绕主体空间的路径：我们从沿街的正立面的下方进入，好像经过了一个柱廊，然后沿着立面登上楼梯，进入到大厅，这个位于侧面的立面同样是正立面：直接通向起居室的主入口在这个立面的中心，由一对外露的柱子来决定立面的几何形中心。走廊，像一个插入体量的抽屉，面对着旷野。当我们继续沿着门廊走到角部，发现在建筑的背立

图 4-76 园艺师比安奇别墅一层平面，
1936-1937

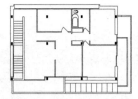

图 4-77 园艺师比安奇别墅二层平面，
1936-1937

图 4-78 园艺师比安奇别墅入口立面，
1936-1937

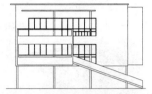

图 4-79 园艺师比安奇别墅正立面，
1936-1937

面有另一部楼梯，我们上升到顶层。在比安奇别墅的顶层只包含了卧室，它的室外通道暗示了它在设计上是与大厅分离的。这座建筑因此成为了在大量两个卧室的别墅中的一个相对经济的方案。

从这座建筑中也隐约看到了与之后的但丁纪念堂流线控制的联系。

整个立面经过水平的滑动，在图解中体现出了实体和虚空两个正方形的叠加，而在侧面立面的图解中则体现了黄金分割矩形。并且主入口正好处在这个矩形的中心，暗示了入口立面的重要性（图 4-76~ 图 4-79）。

这个方案与初期的设计在结构上也有一些细微的变化，特拉尼原本采用工字钢作为底层架空的支柱，但是由于战争制裁的原因，而放弃了钢材采用了矩形断面的支柱。而有意思的是，在舒马赫的书中提到：

在别墅建设的时期，比安奇与特拉尼就底层架空的问题进行了争论，他认为是在浪费空间。在建筑完工之后，他开始大胆地填满一层。对于特拉尼来说，幸运的是留下的照片是一层没有被破坏的。[1]

而对于我们来说，就能理解为什么无法找到底层的平面图了。特别是从近期的照片（2006) 看，整个建筑已经与特拉尼的设计有了很大的变化（图

---

[1] 出自 [美] Thomas L. Schumacher. Surface & Symbol: Giuseppe Terragni and the Architecture of Italian Rationalism. New York: Princeton Architectural Press, 1991 : 242. 作者自译。

图 4-80 比安卡别墅主入口立面外观，
1936-1937

图 4-81 比安卡别墅次入口立面外观，
1936-1937

图 4-82 比安卡别墅鸟瞰一，1936-1937

图 4-83 比安卡别墅鸟瞰二，1936-1937

4-75)。

　　比安卡别墅是特拉尼最后一个小别墅设计，建在他的老家塞维索。它也体现出了一些 1936 年湖边别墅和园艺师别墅的影子（图 4-80，图 4-81)。

　　在特拉尼的草图中，我们能够看到的是关于两个垂直矩形体量叠加的思考。如果说之前的特拉尼作品在体量的变化上表现为阳台的出挑或者凹进所带来的浅层平面的变化，那么在这个设计中，特拉尼则体现出了体量之间的推拉关系（push-pull ）。一张透视图表达了特拉尼对于体量之间的"推、拉"滑动的研究。这些早期的草图显示了在最终方案中出现的基本的元素：分布在各处的楼梯、主体为矩形体量、另一个小的矩形体量像抽屉一样从体量中抽出等。后来的一些在网格纸上绘制的准确草图展示了在最终方案中看到的平面分割。

　　最终的方案是一个细微变化的体量和平面控制的长方盒子，相对于其他的住宅设计，这个方案的空间显得比较舒展（图 4-82，图 4-83)。与1936 年湖边别墅相似，这个方案也是由平台环绕建筑空间。只是特拉尼并没有将前后的平台连通，无法在室外形成回路，这样就必须经过室内空间。这种手法似乎表达了特拉尼将室内外空间融为一体的想法。在建筑体

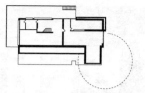

图 4-84 比安卡别墅一层平面,1936-1937

图 4-85 比安卡别墅二层平面,1936-1937

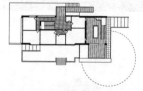

图 4-86 比安卡别墅三层平面,1936-1937

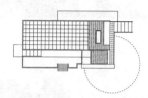

图 4-87 比安卡别墅四层平面,1936-1937

的背立面有一个坡道入口，引向建筑的后门。沿街入口则是正立面，经过一小段踏步上升到一个平台，面对正门。从平面图中可以读出，正门和后门是互相面对的，即都由室内大厅联系。在这一点上有点像科莫法西斯党部大楼的一层，经过通透的大厅可以从正门到达后门。而特拉尼在此显然要强调的是用简单的流线将室内外空间联系在一起，并且与其他的住宅，特别是公寓设计一样，这个作为核心的交通空间同时也充当了分割功能区的角色：将主要空间与服务空间相分隔。在空间上室内外空间形成了内—外—内—外的重复，将室内外空间彻底地联系起来（图 4-84~ 图 4-87 ），就像马里奥·拉波（Mario Labo）的评价：

> 这座别墅是一个流动的空间，它站在刻板的理性主义的要求与法则
> 的对立面。[1]

事实上从平面图我们也可以看到与密斯在 1929 年设计的巴塞罗那德国馆有些相似之处，都是在一种无意识的游离中穿行于室内外空间。密斯强调的是水平性、仪式性的路径，而特拉尼仍然体现了他特有的散步建筑的思想。

---

[1] 出自 [美] Thomas L. Schumacher. Surface & Symbol: Giuseppe Terragni and the Architecture of Italian Rationalism. New York: Princeton Architectural Press, 1991 : 246. 作者自译。

图 4-88 比安卡别墅主入口立面,1936-1937　　图 4-89 比安卡别墅次入口立面,1936-1937

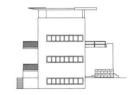

图 4-90 比安卡别墅侧立面,1936-1937　　　　图 4-91 比安卡别墅侧立面,1936-1937

　　这个设计在立面上仍然带有勒·柯布西耶式的风格。随处可见的带形长窗形成了严谨的比例系统，特别是在背立面。坡道引向的入口位于立面的中心，这与园艺师别墅中的处理是一样的。以入口为轴线，立面形成了实—虚—实的关系。在正立面中，二层的带形窗向与主入口相反的方向延伸，表达了一种水平性的张力（图 4-88~ 图 4-91）。

　　比安卡别墅是特拉尼所尝试的小别墅设计中最为精彩的一个，无论在概念上还是空间上，都最为复杂。其中的一些概念在后来的但丁纪念堂和朱里亚尼 - 弗里杰里奥公寓中有所体现。特别是体量的穿插所带来的不同高度的平台与室内空间相互贯穿，形成一种内外空间的相互暗示，可以说比安卡别墅是一个可以从体量关系和室外阅读内部空间的"透明建筑"，这与 20 世纪 30 年代早期的科莫法西斯大楼和后来的圣伊利亚幼儿园所表达的概念上和视觉上的"透明建筑"有所不同。

　　可以看到，与勒·柯布西耶一样，特拉尼设计的中后期，也是以小别墅作为研究与探索的工具。这个时期他已经成为了一位手法纯熟的现代主义大师，因此在这些后期的小别墅设计中所体现出的思想与复杂程度，都是前面的实践不能比拟的。

　　但是，与勒·柯布西耶不同的是，特拉尼并没有将居住建筑作为工作的重点或者最终的追求。柯布西耶"建筑是居住的机器"就明确了其重要性，并且在实践中对于居住的结构模型以及大规模生产都提出了先锋的概念，从而与使用者（人）本身及其尺度产生了不可分割的联系。而特拉尼的理性主义则依然停留在形式、结构、材料的范畴内。仅有的作品也是以表现的方式体现其思想的先锋性,而并没有社会普适性意义。

第四节　先锋思想的几种表现

在这些方案中,特拉尼在先锋派的发展中建筑认识的转化过程,更多体现出了一种相对于民族主义的自由。这种自由主要表现在以下几个方面:

1. 内在的控制

在这些作为先锋建筑的尝试中,特拉尼的设计都是集中在米兰或者科莫这些北方的工业城市,并且选址都远离老城,属于新城、卫星城或者郊区的范畴。因此,城市传统网格的运用就失去了其重要性。取而代之则是对于建筑内在的控制以及与周边环境对景的思考。笔者认为从这些建筑中体现出的自由,很大程度上是源自于这种对旧城环境(或者说是传统文脉)的摆脱。

特拉尼对这些建筑的控制仍然来自于几何形体,特别是比例。随着特拉尼设计手法的不断成熟,建筑表面体现出的复杂性,使这些控制逐渐隐匿,成为在这些复杂表象背后潜在的控制。特别是这些控制,仅仅是对建筑自身的,并不与周边环境发生过多的关系。因此,这也是在阅读特拉尼建筑中很容易被忽视的问题。

2. 抽象与形体

这个时期,特拉尼不仅受到了来自诸先锋派思想及设计的影响,而且与艺术家们的相互影响也体现在他的设计中。在特拉尼早期的设计中,与在民族主义时采用的蒙太奇方式类似,表现出对于当时先锋派作品的援引或参考。就像前文所述,我们可以看到来自勒·柯布西耶、密斯或是格罗皮乌斯的影响或者处理手法。因此,这种表达更像是一种建筑的拼贴。也可以说那时候特拉尼还没有特定的风格,而是在进行不同的尝试。

然而来自于构成主义、风格派以及抽象主义艺术的影响,几乎是特拉尼设计中一直存在的。特拉尼对于建筑体量的组合与关系的处理、抽象的形体和构成式的平面或立面关系都直接地体现了它们的影响。甚至连特拉

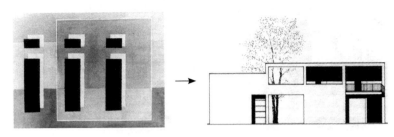

图 4-92 拉迪斯的抽象主义绘画作品一　　　　　图 4-93 特拉尼设计的 1936 年湖边别墅正立面

尼的好友，艺术家拉迪斯，也很难确认到底是他影响了特拉尼还是受到了特拉尼的影响而走上抽象主义的道路。特别是在 20 世纪 30 年代中期，当抽象绘画开始成为意大利的一个标志，这个在抽象和具象之间的对话，也在纯形式的二维平面的操作和具象的体量关系表达的图示或者真实空间之间产生，这些都是特拉尼所关注的问题（图 4-92，图 4-93）。

特拉尼在这些表面的阅读中表现出了一个从简单到复杂的过程，它包含了特拉尼所喜爱的方式：重叠的图形、体量的穿插关系、平整的墙面、沿着边缘上升的坡道、对称的正立面等。这种复杂性表现在设计手法的不断成熟上。与早期的尝试不同，特拉尼运用了重复、叠加、错位等手法目的是为了表达一种关系上的复杂性或者等级的差异（图 4-94，图 4-95）。同时这些看似对于形式的思考，实际上也都是受到建筑潜在的控制法则的限定。

3. 功能与空间

与在民族主义探索时的出发点不同，特拉尼在先锋派的道路上体现出了自己对于功能与空间的兴趣，而不是象征性与纪念性。而这种对空间的研究与尝试，从某种意义上说，是在民族主义建筑表达中不够深入的。并且在这部分尝试中，大多数设计都是关于居住的，因此也从另一个侧面体现了当时意大利面对的种种问题，也表现了特拉尼与其他建筑师在策略上的不同。

在勒·柯布西耶关于城市和建筑的思想中，空间、形式和群体组织本质上是从一个居住单元进行程序上的拓展而生成的；在赖特的方案中，它们都依靠一个主要的核心空间。对于特拉尼而言，意大利的居住单元，不能从一种聚合的单位中分离出来，就像公寓住宅或者府邸，是与街道和场

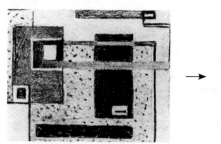

图 4-94 拉迪斯的抽象主义绘画作品二

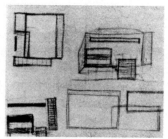

图 4-95 特拉尼绘制的比安卡别墅草图,
1936-1937

所有紧密联系的。

因此,这种紧凑式的空间布局也就造就了特拉尼的设计,以走廊或不同的高差来组织和划分住家,而不是那种核心空间组织的方式。对于小别墅,特拉尼也采取了这样的组织方式,这也是后来特拉尼表达其"散步建筑"思想的一个重要基础。

第五章

图解分析特拉尼建筑中的 3 个相关要素

　　通过前文的阐述，我们可以看到，特拉尼在建筑中所坚持的传统与现代结合的理性主义思想在民族主义方向和先锋派方向的侧重点与表现是有所不同的，但是两者之间又有着不可切断的关联。因此，本章试图通过对特拉尼建筑中 3 个具有共性的设计要素进行比较，以图解的方式对特拉尼的设计手法进行一定程度的分析。这 3 个要素分别为：几何形与比例、线性空间、路径。

　　下面的分析以特拉尼的建筑与设计中的平面图为图解研究对象。这里要强调的是，并不是说分析中所讨论的这几个问题仅仅体现在平面图的阅读中，而是受到资料来源与获取的限制，无法对其他层面的问题（例如：立面）进行较为全面的研究。

第一节　控制体量与空间的几何形与比例

　　在本节的分析中，首先对题目中的几何形作一个定义：即方形和圆形等基本几何形。这些是从柏拉图时期流传下来的经典几何形体，同时也是在古希腊、古罗马、古埃及等传统文明中作为建筑空间最基本的控制与纪念性的表达；比例，这里特指的是黄金分割比例，这是特拉尼建筑中所体现出的另一个重要的控制。特拉尼曾经阐述过他对黄金分割比例的宗教般的信仰：

　　　　现在，只有一个矩形能够清晰地表达出三位一体的和谐法则。这个矩形在历史上被称为"黄金分割"。这个矩形，确切地说，它的每一条边都符合黄金分割的比率。一个这样的矩形，它的 3 个部分都是由黄金分割比例决定的。[1]

可以说黄金分割矩形是比基本几何形更深一层的表达，它体现出的是科学与人文主义的结合。从基本几何形与黄金分割矩形，可以看到特拉尼从古希腊和文艺复兴等不同的传统中汲取精华。

因此，本节是从基本几何形和黄金分割矩形来研究特拉尼的建筑。[2]

特拉尼经常提到比例以及几何学对于他的重要性：它们为建筑综合体的比例增加了精确度，它们是一种控制，而不是研究立面或者平面时的指南——它们必须具有最基本的重要性，必须是简明有力的实证或者是数字几何学——它们必须能够直接地被观察者感知，它们必须最终被应用于划分那些容易被眼睛所忽视的建筑重要部分的比例，例如，立面的轮廓、窗洞或者拱廊的尺度、实墙之间的虚实关系等。

不同的方式中，基于对角线的几何控制方式是最本质的，用一个简单的线条表达了矩形立面的本性。经古埃及、古希腊、古罗马等高度古代文明所及的建筑辉煌时期证实并且流传给我们后人有很多重要的表达方式。其中最为著名的就是"黄金分割"，它曾同样应用于过去 500 年的图示表达中。[3]

因此，对于特拉尼来说，这种潜在的控制或者说是设计的出发点，是源自于传统而不是现代的，特别是源于文艺复兴时期米开朗琪罗或帕拉第奥的影响（图 5-1）。同时，特拉尼的草图也习惯于绘制在网格纸上，这似乎也从侧面证实了这一点。

而在特拉尼的其他设计中，则体现出了对于勒·柯布西耶的基准线与网格的认同（图 5-2）。特拉尼认为勒·柯布西耶复兴了这些最有价值和最基础的基准线；它适用于在建筑的组合里建立或增加其精神价值。它们的目的是通过一个"尺度"在不同的组成立面"部分"中建立一套最完美的

---

[1] 出自 [美] Thomas L. Schumacher. Surface & Symbol: Giuseppe Terragni and the Architecture of Italian Rationalism. New York: Princeton Architectural Press, 1991：137. 作者自译。

[2] 在这里笔者需要强调的是：由于绘图以及描图过程中不可避免的误差等原因，对于黄金分割比例的精确性采取了限定范围的做法，在后文的分析中，长短边比例在 1.55~1.65 之间的矩形，笔者均以表达了黄金分割比例的认识而参与分析讨论。

[3] 这里所指的 500 年是从 14 世纪到 17 世纪晚期，也可以看作是文艺复兴时期文化对于特拉尼的重要性。

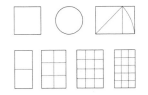

图 5-1 帕拉第奥为房间推荐的各种平面形状

图 5-2 勒·柯布西耶的基准线在建筑中的应用

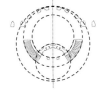

图 5-3 埃尔巴一战烈士纪念碑平面几何形图解

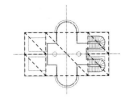

图 5-4 圣伊利亚纪念碑平面几何形图解

比例系统。因此，特拉尼在先锋派的现代主义建筑的尝试中，同样体现出了对于比例和几何形的深入思考。

如果说勒·柯布西耶的模度是基于人体的尺度和机器生产两个基础而生成的一套行之有效的法则，那么特拉尼的控制则是绝对理性甚至可以说是冷酷的，是出于数字的精确性和结构力学的稳定性而生成的。随着特拉尼建筑的发展，这种控制更多地体现在整体和主要空间中。这似乎地表达出特拉尼希望人们能够直接感知到这些完美形体的存在。

因此，几何形及比例的控制几乎出现在特拉尼的每一个设计中，而其表现却是一个不尽相同和逐渐转化的过程。本节分为以下几个方面进行分析：可视的几何形与比例的控制；几何形与比例对主要空间的限定；隐形的几何形与比例的控制；几何形对空间边界的限定。前两者更多地出现在民族主义的建筑表达中，后两者更多地出现在先锋派运动的建筑表达中。

1. 可视的几何形与比例的控制

在这里我们以埃尔巴一战烈士纪念碑和圣伊利亚纪念碑为例（图5-3，图5-4）讨论可视几何形对于建筑的控制，前者的祷告室的平面是由一系列沿中轴线排列的圆形形成的，这些圆形虽然没有在空间中以完整的形态呈现，但是通过几个部分的组合，比较容易让人感知到圆形对于整个空间的限定。圣伊利亚纪念碑的墓室虽然位于地下，但是依然遵从了体量轴对称的布局，平面中体现出的是一组正方形的组合。虽然图解中非常

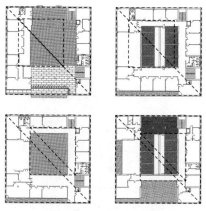
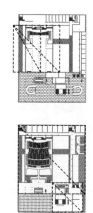

图 5-5 科莫法西斯党部大楼一至四层平面几何形图解　　图 5-6 E42 议会中心平面几何形图解

清晰地表达了特拉尼的意图，但是这种复杂的构成不易在空间中直接体验到。

　　因此，我认为特拉尼采取了几何形控制建筑空间与组合，这些都是源于传统的古典主义法则，是特拉尼设计的出发点。

　　2. 几何形与比例对主要空间的限定

　　在对于法西斯民族主义公共建筑的探索中，由于建筑功能上的复杂化，因此几何形的控制一方面体现在对于整体建筑体量的限定，另一方面体现在对于重要的单体空间的控制。

　　这里以科莫法西斯党部大楼以及 E42 议会中心为例进行分析。

　　科莫法西斯党部大楼体现了几何学与数学的控制（图 5-5）。平面图是一个正方形，立面是宽高比为 1：2 的矩形。整个体量是一个精确的半立方体，就像在第三章中分析的它的空间是源自于帕拉第奥的塞内府邸。因此，在平面的几何形控制中，虚空的中庭与重要交通空间走廊一起被正方形强调出来。从图解中我们可以轻易地看出平面图中隐现出的中庭作为核心空间的表达。

　　而 E42 议会中心（图 5-6）中，所体现出的是几何形对于核心空间——会议厅的控制。我们可以很直观地感知到黄金分割矩形控制的重要空间。同时，正方形与黄金分割矩形的叠加进一步突出了会议厅在整座建筑中的核心位置。

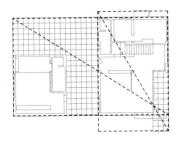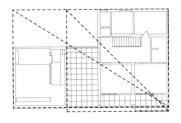

图 5-7 湖边别墅一至二层平面几何形图解

笔者认为在特拉尼后期的设计中，几何形（特别是黄金分割比例）一方面作为完整的空间形态而直接地传达给使用者，另一方面，黄金分割矩形的运用，暗示着整个建筑中最为核心的空间。就像在但丁纪念堂方案中，迷途森林、地狱、炼狱及天堂均作为重要的空间而采用了黄金分割矩形。

因此，如果说特拉尼早期的建筑中运用几何形单纯地控制是源于对传统和古典主义语言的表达的话，那么在后期的探索中，特拉尼所采用的几何形体叠加与反复，则体现出现代的设计手法，并且是为了表现出空间之间的等级关系。同时，我们也能够看到特拉尼对几何形相互之间等级的划分：黄金分割比例的矩形代表最高等级。

3. 隐形的几何形与比例的控制

在先锋派方向发展中，特拉尼似乎是得到了某种自由，他更多去尝试不同的设计手法与表现，几何形的限定似乎看上去淡化了。但事实上，几何形的控制仍然是他设计的出发点之一，只是从显形的表达转化成了隐形的表达。本小节以 1933 年湖边别墅和"圣伊利亚"幼儿园方案一为例研究这种几何形潜在的控制。

1933 年湖边别墅的平面图（图 5-7）中，我们除了可以直观地看到黄金分割矩形在一层平面的应用外，几乎找不到其他几何形的控制。然而当我们将出挑的阳台（平台）所限定的空间加以思考的话，就可以得到图解中的纵向黄金分割矩形和正方形的控制，尽管这些几何形都是部分缺失的而不是完整的直接表达。

在圣伊利亚幼儿园方案一（图 5-8）中，也体现出了同样的两个潜在几何形的控制。正方形是由主体空间与出挑的平台共同决定的，黄金分割矩形是由主体空间与上屋顶平台的坡道共同决定的。但这些几何形都不是

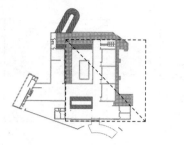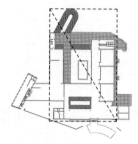

图 5-8 圣伊利亚幼儿园平面（均为一层）几何形图解

直接表达或是容易被感知的。

笔者认为特拉尼在探索新建筑的设计手法的时候，是以传统的古典主义几何学法则为出发点。但是在这些建筑实践中，不再需要严格的纪念性、象征性或是等级的要求。因此，特拉尼打破了完整的基本几何形体，可以说是从古典的纪念性中得到了部分解放。建筑体量的突出或者凹进这些变化，就在建筑的表面得到了表达。这些关于体量变化与组合的推敲，明显是现代主义手法的探索。而这些尝试在特拉尼的建筑中被一个源于传统和古典主义的几何学与比例的法则控制着。因此我们可以知道，特拉尼的建筑中，出挑的平台或者阳台以及部分形体的变化程度都是受到严格而精确地控制。这似乎也体现了特拉尼对传统与现代结合的一种尝试。从这个角度看，出挑平台、外挂楼梯等对于特拉尼有着超出功能的更深层的意义。

4. 几何形对空间边界的限定

特拉尼后期的先锋实践中的小别墅体现出了纯熟的现代主义建筑语言，特别是特拉尼关注的内外空间的交融。特拉尼后期的设计中，关注的是建筑表面的可读性。在他的建筑中的表现就是内外空间的穿插与融合。因此，在这个时期特拉尼的设计中所体现出的几何形与比例的控制更加隐蔽，并且体现出几何形的重复、叠加与错位。这些不仅体现出了空间的复杂性，同时是对于室内外空间边界的限定。

我们以特拉尼晚期的比安卡别墅（图 5-9）为例进行分析。从图解中可以看出，正方形与黄金分割矩形不断地交替出现，阐释内部室内空间与外部平台以及出挑阳台的几何关系。一方面，这些几何形仍然是这些形体变化的控制线，另一方面，这种多重的几何形边界与重复体现了空间组织的复杂性。几乎每一个几何形都含有室内和室外两部分空间，几何形并不

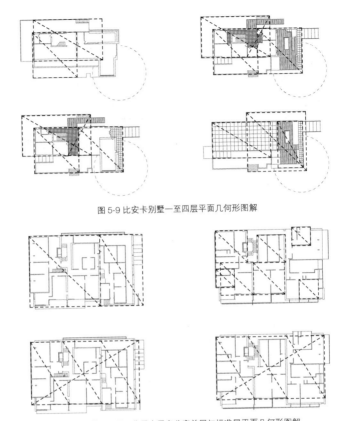

图 5-9 比安卡别墅一至四层平面几何形图解

图 5-10 朱里亚尼 - 弗里杰里奥公寓首层与标准层平面几何形图解

是一种简单的室内外空间的界限，而是表达了一种室内外空间的咬合关系。由此，我们也可以看到特拉尼的另外一种放松，即由几何形来控制室内外空间的关系，从而最大化地解放了几何形内部发生的室内外的空间界限问题，从而使得体量关系和立面获得一定程度的自由。

特拉尼晚期的集合公寓朱里亚尼 - 弗里杰里奥公寓（图 5-10）也同样体现出了这些特征，我们通过标准层平面来进行分析。公寓标准层主体受到一个黄金分割矩形的控制，同时也暗示了剪力墙结构体系的控制线。而标准层内部的空间则体现出了一组不同大小的正方形的排列、并置与叠加，打破了黄金分割矩形的界限，使得建筑表面中体现出了不同的层级以及内部空间的复杂性。而如果我们站在几何形控制的角度阅读，则会发现在黄金分割矩形的控制下，正方形组合的变化只是在严格的控制下获得建筑表面的自由。

因此，笔者认为虽然特拉尼晚期俨然成为一位手法纯熟的现代主义设计大师，但是通过图解，我们仍然可以看到其设计中一直体现出的几何形与比例的控制。而这种控制显然也是一种等级的表达，即黄金分割矩形与其他几何形的等级差别，仍然是最高等级的控制。

从图解中我们可以看到，特拉尼的平面图几何形是受到了古典主义几何与比例法则的潜在控制的，虽然特拉尼的建筑中经常体现出现代主义的复杂性，但是这些变化都是在这种控制之下的有限的自由。

第二节　线性空间作为空间组织方式与界限

前面分析了特拉尼的建筑中，几何形与比例对于空间与体量的控制，下文要分析的则是特拉尼如何在这些空间之间建立联系与组织。一方面，从前面几章的阐述中，我们可以看到走廊、大楼梯是特拉尼联系各空间的常用手法；另一方面，从上一节得出了特拉尼的建筑中几何形与比例限定的空间的三种方式：分离、并置与叠加，而通过这些几何形的组合与控制，形成了大量"叠合"生成的或"图底"剩余的线性空间。这些成为了组织与联系各主要空间的部分。线性空间就是特拉尼组织空间的方式，而线性空间的作用与意义，在不同的建筑中有一定的区别。本节分为以下几个方面进行分析：线性空间作为空间等级的暗示与联系、线形空间作为服务空间与被服务空间的界限。

1. 线性空间作为空间等级的暗示与联系

在特拉尼的公共建筑设计中，一大部分是以科莫法西斯党部大楼为代表的在法西斯民族主义建筑的探索，另一小部分是以圣伊利亚幼儿园为代表的普通建筑。

在科莫法西斯党部大楼（图5-11）中，各部分空间是以环绕中庭的走廊联系的，从上面的分析图中可以看到，整体的流线组织以一个十字形为主，在不同的楼层略有不同，形成了围绕中庭的C形。仔细读图可以

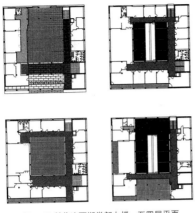

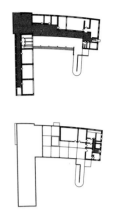

图 5-11 科莫法西斯党部大楼一至四层平面
线性空间图解

图 5-12 卡瑞塔幼儿园平面
线性空间图解

发现，走廊的宽度并不相同，从入口处到背立面逐渐变窄，这是对不同空间等级的暗示。等级高的空间对应着宽走廊而等级低的空间面对窄走廊，这样就形成了不同楼层之间的逆时针螺旋形上升的空间组织方式。并且这个组织方式是以等级的高低为空间序列的：从一层入口处的烈士祭坛作为最高等级的空间，到二层的元首办公室，到三层的政党办公区，再到四层背立面角部的看门人卧室，整个空间等级是随着这种螺旋上升的序列而逐渐降低的。虽然这种走廊的细微差异未必是人们能够直接觉察到的，但是在平面图中却表达得非常清晰。这种螺旋式的空间等级组织也体现在但丁纪念堂中。

而在卡瑞塔幼儿园方案（图 5-12）中，这种线性空间则并没有表达出特别强烈的空间等级的暗示，主要作为不同功能区（办公区与儿童活动区）之间的界限以及联系。特别是这座建筑表达了强烈的水平性。因此在空间组织上，走廊不仅作为不同空间之间的联系，还成为了空间序列的引导。

因此，笔者认为特拉尼是有意识地通过线性空间（走廊）来组织空间，从而表达水平性的空间序列。而这种对于水平性的执着，是来自于特拉尼对于民族主义方向建筑的探索。特别是在科莫法西斯党部大楼中线性空间宽度的差异更是明显地表达了逆时针的指向性，实际上是暗示了空间的等级序列。

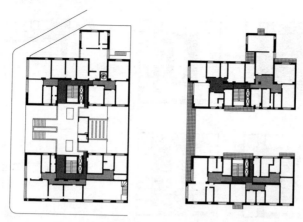

图 5-13 鲁斯蒂奇公寓首层与标准层平面线性空间图解

2. 线性空间作为服务空间与被服务空间的界限

另一种线性空间的表现集中在集合公寓与小别墅的设计中，线性空间（主要是走廊和楼梯）一方面作为连接各部分空间的纽带，另一方面作为服务性空间与主要空间之间的界限。

特拉尼的这部分设计中，并没有明显的中庭或者门厅空间来作为空间组织的核心，从这一点看是与意大利的传统府邸不同的。在公共空间部分特拉尼更偏好用走廊联系不同的空间，同时踏步所带来的水平面的高差也作为划分空间的辅助手法之一。在户内空间中，特拉尼同样很少用门厅来组织空间，而是用走廊作为联系空间的手段，同时走廊还是划分服务空间与主要生活空间之间的界限。

在这里我们以鲁斯蒂奇公寓（图 5-13）为例，分析在非典型地段中的公寓建筑中走廊的表现。从图中可以读出建筑体量的两部分均是围绕这交通空间形成了一梯两户的布局。而通过户内走廊的组织，服务性空间均面对这庭院，而主要的生活空间则朝向大街的一侧。这种方式与传统组团式公寓内向的组织方式有所不同，特拉尼并不是围绕着内庭院空间进行组织，而是将主要空间都向外，似乎是一种外向的空间表达方式。

以佩德拉里奥公寓（图 5-14）为例，则是在分析典型的街区地段中，公寓建筑中走廊的表现。从图中可以清晰地看到，除了公共的楼梯以外，几乎没有任何的公共空间，走廊清晰地将户内空间一分为二，将主要的生

图 5-14 佩德拉里奥公寓标准层平面线性空间图解

活空间与服务空间分在两侧。

因此，笔者认为特拉尼对于居住空间组织是建立在对功能划分的基础上的，走廊同样可以看作是对于空间等级的划分，而在服务性空间内部以及主要生活空间内部则没有再出现明显的等级划分。所以，特拉尼对于空间的认识仍然可以看作是对水平性的体现。

从分析中我们可以得出，线性空间的组织方式一方面体现出了特拉尼对于水平性思考的结果，而另一方面则是源于几何形限定空间之后的产物。我们可以说几何形对于空间的限定是建筑空间生成的法则，而线性空间的运用则是对建筑空间组织的法则。因此，两者共同作用成为了特拉尼建筑生成的重要原则。

第三节 路径作为空间序列的阅读方式

路径作为特拉尼在建筑设计中精心思考的一个重要步骤，是对于空间序列的一种全景式的解读。如果说几何形控制与线性空间的组织是特拉尼建筑生成的重要环节，那么路径，对于参观者来说就是最好的一种阅读与体验建筑空间的方式。虽然在特拉尼的某些建筑中（例如但丁纪念堂等），路径被赋予了与其他文本叠加的含义，但是在大部分他的建筑中，路径体现出的是单纯的对空间组织的解读。

勒·柯布西耶在 1927 年提出"散步建筑"的概念，成为了其建筑的内在特征，通过楼梯和走廊的结合而精心设计的建筑内部路径，特别是

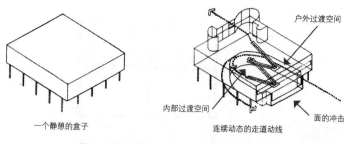

一个静憩的盒子　　　　　　连续动态的走道动线

图 5-15 勒·柯布西耶萨伏伊别墅路径分析

在 1929 年设计的萨伏伊别墅方案中，几乎完美地体现了这个概念（图
5-15）。经过仔细阅读可以发现，这是勒·柯布西耶精心设计的仪式性路径。
从建筑一侧的小路作为仪式的起点，不断地接近建筑，然后经过底层弧形
体量的引导而进入室内，走上回转上升的坡道。在这一上升的过程中，参
观者像前来朝圣的信徒一样，经过了视觉上对于不同空间的游离而到达最
终的平台——屋顶花园。而整个仪式的终点是在屋顶曲线围墙中的带形长
窗，并且，远处有一座建筑成为这个终点的对景。这个路线是人为严格控
制的结果，在其间的散步就成为一种有固定起点和终点、目的性很强的仪
式。

　　而特拉尼对于"散步建筑"的理解与勒·柯布西耶有很大的区别。一
些特拉尼的散步建筑中的路径往往体现出的是一个环路，即人们通过一段
"艰难"的历程之后最终回到原点的循环。它并没有像勒·柯布西耶那样
严格地定义路径，而是相对自由，这种概念的最基本的要求就是有两个以
上的出入口。而另一部分特拉尼的建筑则体现出一种发散式的自由，通过
楼梯和平台将室内外空间不断地联系在一起，形成了室内、室外反复经历
与交替。这是特拉尼对于其"透明"建筑概念的表达，希望通过这种室内
外的贯通，能够在建筑表面进行内部空间的阅读。

1. 单向仪式性路径

　　在纪念性建筑中，特拉尼采用的是传统的单向仪式性路径。这种单向
性本身就含有强烈的目的性（起点和终点明确），人为控制在路径中体现
得非常清晰。在特拉尼的建筑中，大楼梯作为纪念性最为重要的载体，使
这种仪式性体现在由大楼梯所引导的不断上升的行为。特拉尼认为这种参

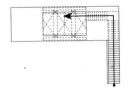

图 5-16 科莫一战烈士纪念碑竞赛路径图解

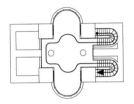

图 5-17 圣伊利亚纪念碑路径图解

图 5-18 民族复兴纪念碑路径图解

观者亲身经历的 "稍有难度的攀登过程" 将释放出对烈士们的沉重悼念。

我们可以看到从科莫一战烈士纪念碑到民族复兴纪念碑，都体现出了对于这种仪式性的载体——大楼梯的突出。同时，仪式的起点和终点也因为大楼梯所带来的高差，而形成了对于空间等级的阅读（图 5-16~图 5-18）。

这种仪式性在笔者看来是一种传统文化的表达，就像中国的陵墓是通过依山势不断地向上攀登所经历的空间序列而体现其宏伟与纪念性的；或是西方的宗教仪式中，通过漫长的水平性空间前序营造庄严和肃穆的气氛而影响人们的心理。

因此，特拉尼对于仪式性路径思考的过程，似乎可以看作是对传统的提炼与抽象的过程。

2. 螺旋形环路

螺旋形环路作为特拉尼在民族主义建筑中的重要表达方式体现了两种不同的含义。

一方面，如前文所述，在特拉尼的空间组织中，体现出了一种螺旋式的连续性，这种序列中又体现出了空间的等级差别。因此这种环路可以说是对于这种空间序列最合理的阅读方式。就像在科莫法西斯党部大楼中，根据围绕中庭空间布置的走廊的暗示，我们可以沿逆时针螺旋上升经历从最高级到最低级的空间序列。

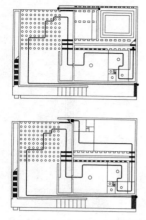
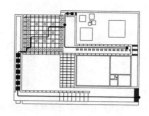

图 5-19 但丁纪念堂路径图解

这又可以看作是源于古罗马的一种手法。在图拉真记功柱上雕刻的浅浮雕中，我们可以沿着螺旋上升的带形浅浮雕故事板，读出对于当时历史事件的叙述。而在特拉尼的建筑中，这种出于空间组织的螺旋形可以看作是对空间等级的叙述。

另一方面，这种螺旋形环路是一种宗教式的表述。环路作为"今生—天堂—今生"的过程,但丁纪念堂就体现出这种轮回式的经历（图 5-19），即人们通过一段"艰难"的历程之后最终回到原点的循环，是但丁的苦旅一种抽象的表达，其中的起承转合都是和文本发生关系的，从某种意义上说，特拉尼只是在客观地控制这个路线。这座建筑既是对于但丁《神曲》的文本叙述，也在空间组织上体现了等级的差异。因此，笔者认为但丁纪念堂是这两种表达的综合体：既像图拉真记功柱上的浅浮雕那样叙述了一个潜在的文本——《神曲》，同时又在空间经历中体现了但丁从"人间—地狱—炼狱—天堂—人间"的游历过程。这种设计的本质就是要有两个或两个以上的出入口，用来形成环路。

从某种意义上说对于当时而言螺旋形本身就象征着蒸蒸日上的力量与新生事物，就好像塔特林设计的第三国际纪念碑一样，体现了当时特拉尼对于法西斯主义的歌颂与美好愿望的寄托。

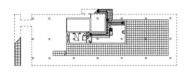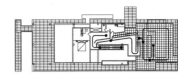

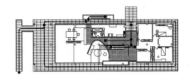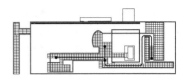

图 5-20 湖边别墅路径图解

3. 散步建筑

在特拉尼的小住宅设计中,更多地体现出了对于"自由"路径的思考。这种"自由"表面上看是来自于多个出入口或是楼梯的连接,而实际上,这种"自由"是建立在特拉尼对于空间序列的控制之下的有限自由(图 5-20)。

特拉尼的控制就是对于室内外空间联系的建立。在前文几何形分析中那些几何形重复、叠加、错位的复杂性,似乎只是平面的阅读,但是对于特拉尼而言,希望在建筑表面能够读出这些复杂性与变化。因此,特拉尼的散步建筑是建立在对于空间关系的完全解读上。这种路径的复杂与多向性,实际上就是对特拉尼空间复杂性的最好体现。

从分析中,我们看到特拉尼对于路径的思考是出于不同的角度与出发点:仪式性、诗意或自由。但是其根本目的,都是对于空间组织的解读。

通过图解分析,笔者试图建立特拉尼的建筑生成与阅读的方式。

几何形与比例作为建筑平面与体量的控制,可以看到这是特拉尼对于传统最为直接的回应,也可以看到特拉尼从古典主义的手法出发渐进向现代主义转化的过程。

线性空间(走廊与大楼梯)对于主要空间的组织可以看出特拉尼没有采用传统的围绕中庭的空间组织手法,而是采用模糊核心空间的方式来组织空间序列。这也是在现代主义打破空间体量之后，建立不同部分的联系手法之一。

从中我们可以看到，特拉尼对于传统的尊重与借鉴主要体现在其设计中潜在的古典主义设计法则的控制。而在空间序列生成过程中，则是运用了现代主义的组织手法。

路径则是作为对于特拉尼建筑空间生成之后的解读过程，是为参观者提供对特拉尼空间思想理解的一种最为直观的方式。

因此，从几何形与比例的控制及其导致的线性空间的大量出现与运用，到路径与散步建筑思想的体现，三者之间是递进的并且互为前提，从而也体现了特拉尼建筑从平面到空间组织再到空间序列阅读的渐进式过程。

第六章
用文字结束

　　本书是对活跃在 20 世纪 20 到 40 年代的意大利建筑师朱塞普·特拉尼的实践工作的解读与分析。单独地看待特拉尼的建成作品往往会体现出一种风格或者形式的跳跃，无法对特拉尼建筑思想的转化及其相关的历史背景建立联系。因此，本书通过特拉尼一系列建成作品和未实现设计之间的关联作为建立研究的起点。

　　本书一开始就将建筑师特拉尼纳入到了 20 世纪欧洲政治与艺术的大背景下进行定位，并且通过对历史客观地分析和梳理，将特拉尼及其作品置入一个合适的位置。

　　通过笔者在这部分的组织和分析，可以看到特拉尼设计过程中受到两方面因素的影响。一方面是立足于本国民族主义建筑发展方向的建筑实践，另一方面是在欧洲先锋派建筑发展方向的探索与尝试。从这个角度分析，可以看到特拉尼建筑中所表现出的两面性。从某种意义上说，这种看似"一刀切"式的划分是否过于偏激。但是，我们必须注意到，从古罗马开始，"艺术为政治服务"的模式就已经开始了。因此，这两者之间必然有着千丝万缕的联系，而这些联系，也表现在了特拉尼的设计中。所以，从这两个方面分析，既可以看到两者相对独立的一面，又可以更加清晰地看到两者之间密不可分的联系。尼采曾经说过："在建筑中，人的自豪感、人对万有引力的胜利和追求权力的意志都呈现出看得见的形状。建筑是一种权力的雄辩术。"那么，在这种特定时期下的极权意识形态控制中的建筑师是如何建立权力和建筑之间的桥梁呢？建筑师是否还有表达自我的权力？

　　在这个基础上，本书在两条线索下进行叙述和分析。

　　第三部分涉及了纪念性建筑和法西斯公共建筑。从对这些方案的阐释中，我们不难得出特拉尼早期对于纪念性建筑的思考是基于水平性与垂直性的，之后特拉尼将这种纪念性的表达与法西斯意识形态的要求相结合，描绘了一幅幅技术象征的图景。从中我们可以看到，特拉尼对于水平性的尝试以及对于传统和历史"先例"的思考。这种水平纪念性以及作为象征的符号成为这部分特拉尼建筑的主题。

第四部分涉及了公共建筑、集合公寓与小别墅。从这些方案中，可以看到特拉尼思想上的转化，从早期受到诸先锋运动思想的影响到理性主义的发展与成熟。在这些建筑中，由于脱离了法西斯意识形态的控制，从而使得更多特拉尼的设计思想得到充分的表达。这一部分中，建筑的表面与空间成为了凸显的主题。

本书的第五部分试图通过图解的方式，对特拉尼设计作品中相关的设计要素进行分析。通过前文的解读，对特拉尼的建筑中体现出的对几何学与比例、线性空间以及路径几个共性问题进行详细的分析。经过分析可以看到特拉尼建筑中潜在的控制是来自几何学与比例的，这是传统或者古典主义的法则。线性空间（走廊）作为特拉尼建筑空间组织的方式，是对于传统的集中式的建筑空间序列的瓦解，也是现代主义建筑的表现之一。这两者可以看作是特拉尼建筑生成的手法。而路径以及"散步建筑"概念的运用，是特拉尼建筑中的另一个重点。这是对于前面生成的空间的一种阅读方式。

通过这部分研究与分析，可以得出三者之间的关系：传统的形体控制法则—现代的空间组织方式—对空间的阅读方式。特拉尼的设计步骤实际上是一个从建筑生成到阅读的完整过程。这部分既是在前文解读的基础上共性的分析，又是对于前文的有效补充。

通过对于特拉尼的建筑与方案的解读与分析，可以看到特拉尼及其所代表的理性主义建筑的确是两次世界大战期间现代建筑思想中相对独立并且重要的一个分支。并且通过对特拉尼在本国民族主义方向与欧洲先锋派方向的建筑探索的研究与分析，归纳总结出了特拉尼建筑中所体现出的特点：特拉尼的建筑体现的是理性主义倡导的"传统与现代"结合。

对于传统，特拉尼不是采用古典形式上的模仿或者传统符号的借鉴，而是对于这些建筑"先例"中存在的历史法则和概念进行研究，寻找其中潜在的逻辑关系。最终目的是在这种法则的指导下完成现代风格的建筑表达。具体表现在传统的几何学与文艺复兴时期的黄金分割比例的运用，对建筑的平面、立面和体量进行控制。这种控制在不同的建筑中表现为可直接感知或者不可直接感知。

对于现代性，体现在空间的组织和序列以及对建筑表面的阅读中。特拉尼通过营造"散步建筑"的空间形态表达出从建筑表面对建筑内部空间进行阅读的建筑。

对特拉尼这位个案建筑师的研究，笔者还有一些自己的想法与思考。特拉尼可以说是一个相对特殊的例子，因为他所处的时代背景以及他较短的职业生涯，这些都和相关背景、历史发生了基本吻合的叠加。对特拉尼的研究，可以看作是一个较短的历史时间跨度下较为完整的片段（即在两次世界大战之间），这些都形成本研究的确定时间点，使研究相对清晰。而这种对于建筑师的研究方式，是否能够较好地运用在对其他建筑师的研究中（特别是时间跨度较大的），或者更进一步地说，能否成为一种普适性的研究模式，都需要对本研究内容及其方法进行不断地完善，并且需要通过今后的研究工作中的实践来证明。

对特拉尼建筑的研究，也是一次对传统和现代的重新审视。特别是通过具体工作，特拉尼较好地完成了传统与现代的结合，给予笔者一个良好的启示。我们当下所面临的困境，正是如何将传统与现代进行良好的结合，从而走出一条属于中国建筑自己的道路。虽然我们面对着与特拉尼这样或那样不同的情况，但是这种积极探索的精神和对于传统的切入点，都是可以参照的。

附录

朱塞普·特拉尼项目地图

科莫市区地图 [1]

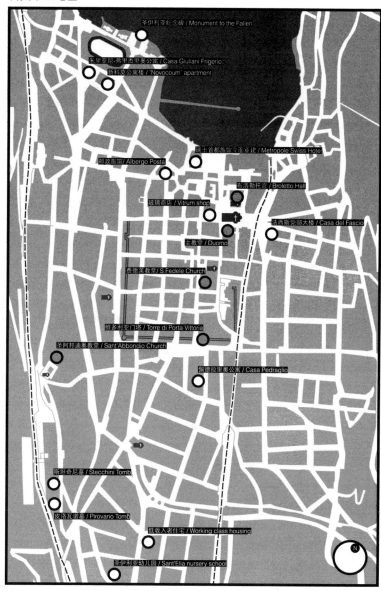

圣伊利亚纪念碑 / Monument to the Fallen

朱里亚尼-弗里杰里奥公寓 / Casa Giuliani Frigerio

新科莫公寓楼 / "Novocoum" apartment

瑞士首都旅馆立面重建 / Metropole Swiss Hotel

邮政旅馆 / Albergo Posta

布洛勒托宫 / Broletto Hall

玻璃商店 / Vitrum shop

法西斯党部大楼 / Casa del Fascio

主教堂 / Duomo

费德莱教堂 / S.Fedele Church

维多利亚门塔 / Torre di Porta Vittoria

圣阿邦迪奥教堂 / Sant'Abbondio Church

佩德拉里奥公寓 / Casa Pedraglio

斯坦奇尼墓 / Stecchini Tomb

皮洛瓦诺墓 / Pirovano Tomb

低收入者住宅 / Working class housing

圣伊利亚幼儿园 / Sant'Elia nursery school

N

[1] 地图系作者根据 Thomas L. Schumacher 的《Surface & Symbol: Giuseppe Terragni and the Architecture of Italian Rationalism》一书中附录信息绘制而成。

167

科莫与米兰郊区地图 [1]

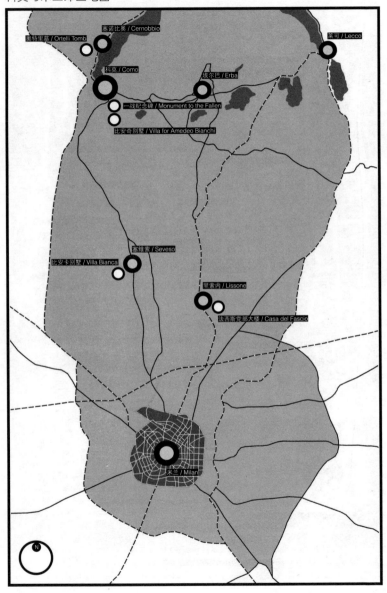

奥特里墓 / Ortelli Tomb

塞诺比奥 / Cernobbio

莱可 / Lecco

科莫 / Como

埃尔巴 / Erba

一战纪念碑 / Monument to the Fallen

比安奇别墅 / Villa for Amedeo Bianchi

塞维索 / Seveso

比安卡别墅 / Villa Bianca

里索内 / Lissone

法西斯党部大楼 / Casa del Fascio

N

米兰 / Milan

[1] 地图系作者根据 Thomas L. Schumacher 的《Surface & Symbol: Giuseppe Terragni and the Architecture of Italian Rationalism》一书中附录信息绘制而成。

米兰市区地图 [1]

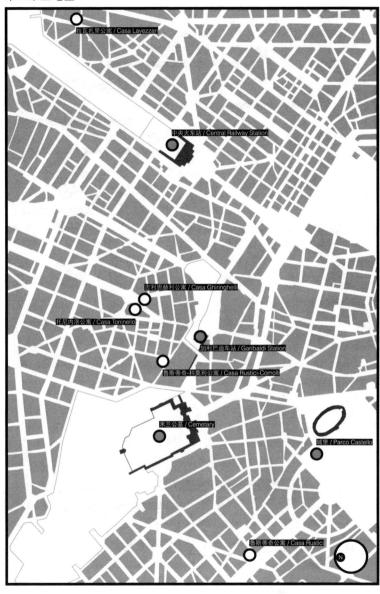

拉瓦扎里公寓 / Casa Lavezzari

中央火车站 / Central Railway Station

吉利恩赫利公寓 / Casa Ghiringhelli

托尼内洛公寓 / Casa Toninello

加利巴迪车站 / Garibaldi Station

鲁斯蒂奇-科莫利公寓 / Casa Rustici-Comolli

米兰公墓 / Cemetary

城堡 / Parco Castello

鲁斯蒂奇公寓 / Casa Rustici

N

[1] 地图系作者根据 Thomas L. Schumacher 的《Surface & Symbol: Giuseppe Terragni and the Architecture of Italian Rationalism》一书中附录信息绘制而成。

罗马市区地图 [1]

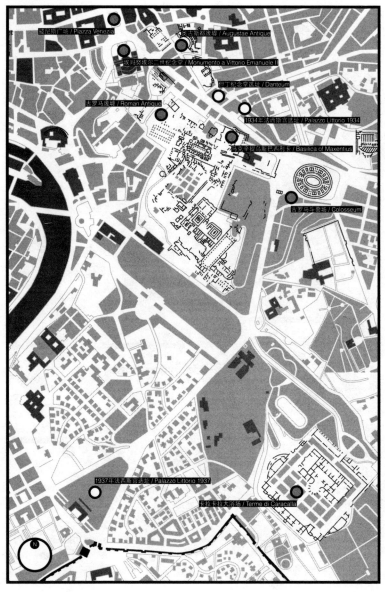

威尼斯广场 / Piazza Venezia

奥古斯都陵墓 / Augustae Antique

埃玛努埃尔二世纪念堂 / Monumento a Vittorio Emanuele II

但丁纪念堂选址 / Danteum

古罗马废墟 / Roman Antique

1934年法西斯宫选址 / Palazzo Littorio 1934

马森孝提乌斯巴西利卡 / Basilica of Maxentius

古罗马斗兽场 / Colosseum

1937年法西斯宫选址 / Palazzo Littorio 1937

卡拉卡拉大浴场 / Terme di Caracalla

N

---

[1]   本图表系作者根据罗马市区地图信息绘制而成。

图片与图表版权声明

[1] 图 1-1 出自《The Terragni Atlas》. Danniel Libeskind.

[2] 图 3-1、图 3-2、图 3-3、图 3-5、图 3-6、图 3-7、图 3-9、图 3-10、图 3-12、图 3-16、图 3-19、图 3-20、图 3-21、图 3-25、图 3-26、图 3-27、图 3-28、图 3-29、图 3-31、图 3-32、图 3-33、图 3-34、图 3-37、图 3-43、图 3-52、图 3-70、图 3-72、图 3-73、图 3-85、图 3-86、图 3-87、图 3-90、图 3-92、图 3-93、图 3-94、图 3-99、图 3-100、图 3-102、图 3-104、图 3-105、图 3-111、图 3-115、图 4-1、图 4-2、图 4-6、图 4-7、图 4-8、图 4-9、图 4-10、图 4-13、图 4-15、图 4-17、图 4-18、图 4-24、图 4-26、图 4-27、图 4-28、图 4-30、图 4-34、图 4-35、图 4-37、图 4-38、图 4-39、图 4-40、图 4-43、图 4-44、图 4-45、图 4-46、图 4-61、图 4-62、图 4-74、图 4-92、图 4-93、图 4-94、图 4-95 出自《Surface & Symbol》， Thomas L. Schumacher.

[3] 图 3-4、图 3-22、图 3-23、图 3-24、图 3-35、图 3-36、图 3-39、图 3-40、图 3-41、图 3-44、图 3-45、图 3-46、图 3-47、图 3-48、图 3-49、图 3-50、图 3-51、图 3-53、图 3-54、图 3-88、图 3-91、图 3-101、图 3-103、图 4-4、图 4-12、图 4-16、图 4-19、图 4-20、图 4-23、图 4-29、图 4-33、图 4-36、图 4-60、图 4-69、图 4-71、图 4-73、图 4-80、图 4-81 出自《Giuseppe Terragni》， Bruno Zevi.

[4] 图 3-8 出自《Il Razionalismo Lariano Como 1926-1944》， Luigi Cavadini.

[5] 图 3-13、图 3-14 出自《Virtual Terragni》， Mirko Galli and Claudia Muhlhoff.

[6] 图 3-15、图 3-58 出自《罗马艺术》，南希·H·雷梅治.

[7] 图 3-17、图 3-18 出自《现代建筑》，曼弗雷多·塔夫里.

[8] 图 3-38、图 3-97、图 3-98、图 3-113、图 3-114 出自《The Danteum》， Thomas L. Schumacher.

[9] 图 3-89 出自《Le Corbusier: Ideas and Forms》， Willam J R Curtis.

[10] 图 3-42 出自《Le Corbusier Complete Works 1929-1934》， W. Boesigner.

[11] 图 3-55 出自《Domus 867: Terragni's Game, 68 years later》， Domus.

[12] 图 3-59、图 3-60、图 3-61、图 3-62、图 3-63、图 3-64、图 3-65、图 3-66、图 3-67、图 3-68、图 3-69、图 3-71、图 3-82、图 3-83、图 4-58、图 4-59 出自《Giuseppe Terragni Transformations Decompositions Critiques》， Peter Eisenman.

[13] 图 3-84、图 4-5、图 4-47、图 4-48、图 4-49、图 4-70、图 4-82、图 4-83 出自《The

Terragni Atlas》，Danniel Libeskind.

[14]　图 3-95 出自《现代建筑：一部批判的历史》，肯尼斯·弗兰姆普顿.

[15]　图 3-96 出自《菲利浦·约翰逊》，张钦哲.

[16]　图 3-106、图 3-107 出自《a+u: 353》，a+u.

[17]　图 3-112 出自《文艺复兴建筑》，彼得·默里.

[18]　图 4-21、图 4-22 出自《Domus: 868》，Domus.

[19]　图 4-32 出自《勒·柯布西耶全集　第 2 卷》，W·博奥席耶.

[20]　图 5-2 出自《走向新建筑》，勒·柯布西耶.

[21]　图 5-15 出自《柯比意 – 型的分析》，Francoise Choay.

[22]　图 3-11、图 4-75 摄影：马箐.

[23]　图 3-56、图 4-14、图 4-41、图 4-42 摄影：臧峰.

[24]　图 4-3 出自网络：www.ifa.de/kunst/nbi/dprojekte.7htm.

[25]　图 4-25 出自网络：www.photoarch.com.

参考文献

西文部分：

[1] Thomas L. Schumacher. Surface & Symbol: Giuseppe Terragni and the Architecture of Italian Rationalism [M]. New York: Princeton Architectural Press, 1991.

[2] Bruno Zevi. Giuseppe Terragni [M]. London: Triangle Architectural Publish, 1989.

[3] Thomas L. Schumacher. The Danteum: Architecture, Poetics, and Politics under Italian Fascism [M]. Triangle Architectural Publishing, 1993.

[4] Peter Eisenman. Giuseppe Terragni Transformations Decompositions Critiques [M]. The Monacelli Press, 2003.

[5] Attilio Terragni and Daniel Libeskind and Paolo Rosselli. The Terragni Atlas: Built Architecture [M]. Milan: Skira Editore, 2004.

[6] Luigi Cavadini. Il Razionalismo Lariano Como 1926-1944 [M]. Electa Milano Elemond Editori Associati, 1989.

[7] Luigi Ficacci. Piranesi: The Etchings [M]. Taschen, 2006.

[8] Peter Carter. Mies van der Rohe at Work [M]. Phaidon Press, 1999.

[9] William J R Curtis. Le Corbusier: Ideas And Forms [M]. Phaidon Press, 1986.

[10] Colin Rowe and Fred Koetter. Collage City [M]. The MIT Press, 1978.

[11] Andrea Palladio. The Four Books On Architecture [M]. The MIT Press, 1997.

中文部分：

[1] [美] 肯尼斯·弗兰姆普敦 . 现代建筑：一部批判的历史 [M]. 张钦楠等译 . 北京：生活·读书·新知三联书店，2004.

[2] [德] 汉诺·沃尔特·克鲁夫特 . 建筑理论史——从维特鲁威到现在 [M]. 王贵祥译 . 北京：中国建筑工业出版社，2005.

[3] [意] 曼弗雷多·塔夫里，[意] 弗朗切斯科·达尔科 . 现代建筑 [M]. 刘先觉等译 . 北京：中国建筑工业出版社，2000.

[4] [英]彼得·默里.文艺复兴建筑 [M].王贵祥译.北京：中国建筑工业出版社，1999.

[5] [美]彼得·艾森曼.图解日记 [M].陈欣欣，何捷译.北京：中国建筑工业出版社，2005.

[6] [英]尼古拉斯·佩夫斯纳等.反理性主义者与理性主义者 [M].邓敬等译.北京：中国建筑工业出版社，2003.

[7] [英]理查德·帕多万.比例——科学·哲学·建筑 [M].周玉鹏，刘耀辉译.北京：中国建筑工业出版社，2005.

[8] [英]彼得·布伦德尔·琼斯.现代建筑设计案例 [M].魏羽力，吴晓译.北京：中国建筑工业出版社，2005.

[9] 朱华龙.意大利文化 [M].上海：上海社会科学院出版社，2004.

[10] [美]南希·H·雷梅治，安德鲁·雷梅治.罗马艺术——从罗慕路斯到君士坦丁 [M].郭长刚，王蕾译.桂林：广西师范大学出版社，2005.

[11] 罗岗，顾铮.视觉文化读本 [M].桂林：广西师范大学出版社，2003.

[12] 毛尖.非常罪 非常美 [M].桂林：广西师范大学出版社，2003.

[13] 胡恒，王群.何为先锋派 [J].时代建筑，2003（5）.

[14] 张永和.平常建筑 [J].建筑师，1998（10）.

[15] [斯]阿莱斯·艾尔雅维茨.图像时代 [M].胡菊兰，张云鹏译.吉林：吉林人民出版社，2003.

[16] 刘先觉.密斯·凡·德·罗 [M].北京：中国建筑工业出版社，1992.

[17] [法]勒·柯布西耶.走向新建筑 [M].陈志华译.天津：天津科学技术出版社，1998.

[18] [瑞]W·博奥席耶著.勒·柯布西耶全集：第一卷·1910-1929 年 [M].牛燕芳，程超译.北京：中国建筑工业出版社，2005.

[19] [瑞]W·博奥席耶著.勒·柯布西耶全集：第二卷·1910-1929 年 [M].牛燕芳，程超译.北京：中国建筑工业出版社，2005.

[20] [意]但丁.[法]陀莱.《神曲》图集 [M].黄乔生译.郑州：大象出版社，1999.

[21] 钱竹总编.包豪斯：大师和学生们 [M].北京：艺术与设计杂志社，2003.

[22] 张钦哲，朱纯华.菲利浦·约翰逊 [M].北京：中国建筑工业出版社，1990.

[23] 李大夏.路易·康 [M].北京：中国建筑工业出版社，1992.

致谢

文已至此，心存感恩。

感谢王昀老师，多年以来的悉心指导，鼓励我修编成书。先生的大力帮助至今仍让我受益匪浅。感谢北京大学建筑学研究中心的各位老师多年为我付出的心血。

感谢徐冉老师，百忙之中抽出宝贵的时间，给予我细致入微的建议与帮助；反复审阅修订，使之能够顺利成书。感谢孙炼老师，在成书的过程中给予我长期的帮助与建议。

感谢臧峰、刘文豹、周简、仇玉骥、苏立恒及中心的各位兄弟姐妹多年在学习与生活上的帮助与照顾。感谢马箐、臧峰，在研究的过程中为我提供大量一手资料，使我的研究能够顺利开展。感谢张含、禹航，在修订、出版的过程中给予的鼓励和帮助。

特别感谢内人戴盼盼，伴我前往意大利、法国等地实地研究、考察，不厌其烦。

感谢每一位在人生道路上陪伴、帮助过我的长辈、朋友。

○ 新建筑的参照

新城市的梯度建筑草图
圣伊利亚，1914

科莫的集合公寓
卡兰奇尼

新科莫公寓与科莫大教堂拼贴图

包豪斯校舍
格罗皮乌斯，1926

朱尔夫俱乐部
1928

巴塞罗那德国馆
密斯·凡·德·罗，1929

○ 柯布西耶作品参照

普兰纳库斯住宅平面图
1927

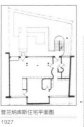
柯布西耶的构造四则
1929

萨夫伊别墅
1930

莫利托门出租公寓
1933

○ 抽象艺术的影响

构成绘画
拉迪斯

抽象绘画
拉迪斯

塞本内别墅方案

瑞士首都旅馆底层立面重建

1925

管道铸造工厂方案

1926

煤气厂方案

1927

新科莫公寓

1928

"玻璃"商店

曼托瓦尼女子美容沙龙

1929

邮政旅馆

湖边别墅方案

1930

卡瑞塔幼儿园方案

1931

吉利恩赫利公寓

湖边别墅 **1932**

托尼内洛公寓

第四次CIAM会议的科莫规划分析

1933

鲁斯蒂奇公寓

1934

拉瓦扎里公寓

1935

鲁斯蒂奇-科莫利公寓

1936

"圣伊利亚"幼儿园

1937

湖边别墅方案

佩德拉里奥公寓

园艺师比安奇别墅

1938

比安卡别墅

工人区卫星城方案

1939

1940

低收入者公寓

朱里亚尼-弗里杰里奥公寓 **1941**

退台公寓方案

第一次世界大战纪念碑竞赛方案

第一次世界大战纪念碑

皮洛瓦诺墓

斯坦奇尼墓

奥特里墓

圣伊利亚纪念碑

开荒纪念碑方案

法西斯革命十周年展览"O"展厅室内设计

钢筋混凝土大教堂方案

科莫法西斯党部大楼

法西斯宫第一阶段竞赛方案

罗伯特·萨法蒂墓

法西斯宫第二阶段竞赛方案

E42议会中心竞赛方案

曼布雷蒂墓方案

但丁纪念堂方案

里索内法西斯党部大楼

特拉斯特维里法西斯党部大楼方案

○ 城市与历史文脉

关于科莫老城的拼贴分析图
特拉尼，1926

坎尔巴镇城市线分析图
特拉尼，1926-1932

帝国大道周边历史遗迹分析图

古罗马军营——奥斯蒂亚军营

与科莫肌理相似的佛罗伊老城

对科莫主教堂及广场的轴线分析

对古罗马遗迹的城市网格的分析
特拉尼，1938

对帝国大道及周边的拼贴分析图
特拉尼，1938

○ 图像与符号

发电站草图
圣伊利亚，1914

意大利城市的钟塔

天窗，油画
贝托亚

○ 对建筑"先例"的引用

罗马的威尼斯宫

蒂沃内的平面图
帕拉蒂奥，1542—1558